花生田地力提升与养分高效利用

沈浦 梁海燕 等 著

中国农业科学技术出版社

图书在版编目(CIP)数据

花生田地力提升与养分高效利用 / 沈浦等著. -- 北京：中国农业科学技术出版社, 2024.8. -- ISBN 978-7-5116-6990-2

Ⅰ.S565.206

中国国家版本馆 CIP 数据核字第 20241P46G6 号

责任编辑	周　朋
责任校对	王　彦
责任印制	姜义伟　王思文

出 版 者	中国农业科学技术出版社 北京市中关村南大街 12 号　邮编：100081
电　　话	(010) 82103898（编辑室）　　(010) 82106624（发行部） (010) 82109709（读者服务部）
网　　址	https://castp.caas.cn
经 销 者	各地新华书店
印 刷 者	北京建宏印刷有限公司
开　　本	148 mm×210 mm　1/32
印　　张	5
字　　数	156 千字
版　　次	2024 年 8 月第 1 版　2024 年 8 月第 1 次印刷
定　　价	48.00 元

◀━━ 版权所有·翻印必究 ━━▶

《花生田地力提升与养分高效利用》著者名单

主　著：沈　浦　梁海燕
副主著：杨丽玉　吴　琪
著　者（按姓氏笔画排序）：

丁　红　于天一　王　珂　王才斌
王香竹　尹　亮　刘　淼　孙　腾
孙秀山　孙学武　苏　瑞　李　毅
李苗苗　杨丽玉　吴　曼　吴　琪
吴正锋　邹晓霞　沈　浦　陈殿绪
罗　盛　郑永美　孟翠萍　顾　雪
梁海燕　彭亚萍

前　言

花生作为我国重要的农作物和食品来源，具有较高的营养价值、经济价值和农业生态价值，在保障食用油脂安全方面发挥着重要作用。我国作为花生生产及消费大国，近年来面临着人口需求与食用油供给不足的矛盾，大力发展花生生产、提高花生产量品质，是保障我国食用油安全供给的重要战略需求。

耕地是粮食生产的命根子，事关国计民生。花生产区耕种历史悠久，农业开发利用度高，然而由于长期高强度种植及不合理化肥施用，花生田土壤地力发生改变，土地退化、盐碱化、耕层变浅、酸化等耕地质量问题逐渐加剧，使农业生产成本上升、农产品产量和质量下降，威胁居民食品安全。因此，充分了解花生田地力状况，提升土壤养分水平和资源利用率，对改良花生田耕地质量、促进花生产业绿色高效可持续发展具有重要意义。

近些年来，国内外在提升花生田土壤耕地质量及改良技术方面的研究取得了重大进展，尤其在花生-肥料-土壤系统中投入减量、养分高效利用、土壤培肥等方面开展了大量创新性工作，取得了显著进展，极大地推动了耕地质量提升问题的解决。及时梳理和总结这些最新研究成果，有利于推动花生田土壤养分提升及高效利用技术的不断发展。

山东省花生研究所联合国内有关高校、科研院所从事花生科研生产的人员，结合各自的研究成果，著成本书。本书包括八章内容。第一章介绍我国花生田土壤肥力总体状况；第二章分析花生田土壤肥力计量学热点；第三章介绍土壤地力障碍因素对花生-土壤系统的影响；第四章介绍施肥措施对土壤肥力及花生生长发育的影响；第五章介绍种植方式对土壤肥力及花生生长发育的影响；第六章介绍土壤-作物系统养分增效的微生物驱动机制与调控；第七章介绍花生田土壤养分提升及高效利用技术；第八章对养分高效利用研究进行了展望。

本书的撰写和出版得到国家自然科学基金（32201918、41501330）、山东省农业科学院农业科技创新工程项目（CXGC2024B13）、山东省重大科技创新工程（2019JZZY010702）、国家重点研发计划项目课题（2020YFD1000905）、山东省自然科学基金（ZR2022MC074、ZR2021QC040、ZR2021QC096）的资助。在写作、校对和出版等过程中得到了部分单位的支持，课题研究生、实习生和试验基点有关人员也做了大量工作，在此一并致谢。

本书虽经过多次讨论、修改，限于著者的水平和精力，书中难免存在不足和纰漏之处，恳请广大读者和同仁批评指正。

著　者
2024 年 5 月

目 录

第一章 花生田土壤肥力总体状况 ········· 1
 一、花生田土壤养分状况 ············ 4
 二、花生田土壤物理性质状况 ········· 7
 三、花生田土壤污染状况 ············ 9
 四、花生田土壤微生物生态状况 ······· 10

第二章 花生田土壤肥力计量学热点分析 ····· 13
 一、花生田土壤肥力研究进程分析 ····· 15
 二、花生田土壤肥力研究期刊和机构分析 ··· 17
 三、花生田土壤肥力研究重点和热点 ···· 24

第三章 土壤地力障碍因素对花生-土壤系统的影响 ····· 39
 一、土壤养分含量对花生生长及代谢的影响 ···· 39
 二、土壤物理性状对花生植株及土壤的影响 ···· 47
 三、土壤污染对花生根系生长及代谢的影响 ···· 51

第四章 施肥措施对土壤肥力及花生生长发育的影响 ···· 59
 一、施用氮肥对土壤肥力及花生生长发育的影响 ···· 59
 二、施用磷肥对土壤肥力及花生生长发育的影响 ···· 64
 三、施用外源碳对土壤肥力及花生生长发育的影响 ···· 65
 四、施用新型肥料对土壤肥力及花生生长发育的影响 ···· 70
 五、施用生物炭对土壤微生物及花生根系生长的影响 ···· 79

第五章 种植方式对土壤肥力及花生生长发育的影响 ···· 85
 一、耕作方式对花生根系生长及植株养分吸收的影响 ···· 85
 二、轮作方式对土壤养分及微生物的影响 ···· 88
 三、秸秆还田对土壤养分及植株生长的影响 ···· 92

第六章 土壤-作物系统养分增效的微生物驱动机制与调控 ……… 97
  一、磷酸酶对土壤养分、微生物及植株生长的调控作用 …… 97
  二、硝化抑制剂对土壤养分及微生物的调控作用 ……… 104
  三、土壤根际通气对微生物及根系生长的调控作用 ……… 109
  四、分区供肥对土壤微生物及植株氮素吸收的调控作用 … 113

第七章 花生田土壤养分提升及高效利用技术 …………… 117
  一、土壤改良与肥力培育技术 ……………………… 117
  二、花生养分高效吸收利用技术 …………………… 120
  三、肥料高效释放与效率提升技术 ………………… 125

第八章 养分高效利用研究展望 ………………………… 129
  一、土壤肥力与花生营养高效利用关系 …………… 129
  二、土壤物理化学及生物学性质改良 ……………… 130
  三、新型肥料及投入品研发与施用 ………………… 132
  四、新型农业机械与设备的研发及应用 …………… 135

参考文献 ………………………………………………… 139

第一章 花生田土壤肥力总体状况

土壤是作物赖以生存的重要介质，了解土壤肥力是了解作物生产的基本要求。土壤肥力是土壤能够供给作物生长所需的各种养分的能力，是土壤物理、化学和生物学性质的综合反映，而肥力高低是土壤养分、植物的吸收能力和植物生长的环境条件各因子相互协调作用的反映。土壤养分是构成土壤肥力的核心要素，是现代农业系统的重要组成部分，养分总是以植物产品的形式被输出。但是总有一部分养分由于淋洗和侵蚀而损失，还有一部分如氮、磷、钾等养分，被牢牢地固定在土壤黏粒上，造成养分利用率低。因此，充分了解土壤肥力状况对农作物的产量和质量，以及作物有效生产和环境保护至关重要。

花生是中国重要的油料和经济作物，其总产量和出口量均居世界首位，对全球油料生产和贸易做出了举足轻重的贡献（Bertioli et al.，2016）。我国是世界种植花生第一大国，种植面积达7 000多万亩[1]，产量超过1 800万t，约占世界总产量的40%，占全国油料作物总产量（不含大豆）的近50%，种植业产值达1 200亿元，居全国农作物的第四位（前三分别为水稻、玉米、小麦）。我国花生的主产省份包括河南、山东、河北、辽宁、吉林、安徽等，其中河南、山东花生播种面积和产量居前2位（图1-1、图1-2）。2015—2022年我国花生产量从1 596.13万t增长到1 832.95万t，复

---

[1] 1亩≈667m²，全书同。

合年增长率为2%①。近年来,我国花生行业进出口呈现波动走势,2022年我国累计进口花生66.41万t,同比下滑33.76%,出口量为9.57万t,同比下滑8.25%②。由于我国花生生产各省份地理禀赋、技术水平、基础设施、产业政策等方面差异显著,因此花生生产分布不均,此外,天气条件(如东北、华北地区的大范围持续降雨)对花生种植面积和产量也有较大影响。未来随着我国花生种植和管理水平的进步,我国花生产量将得到大幅度提升。2023年中央一号文件提出深入推进大豆和油料产能提升工程,这将促进花生产业持续发展。

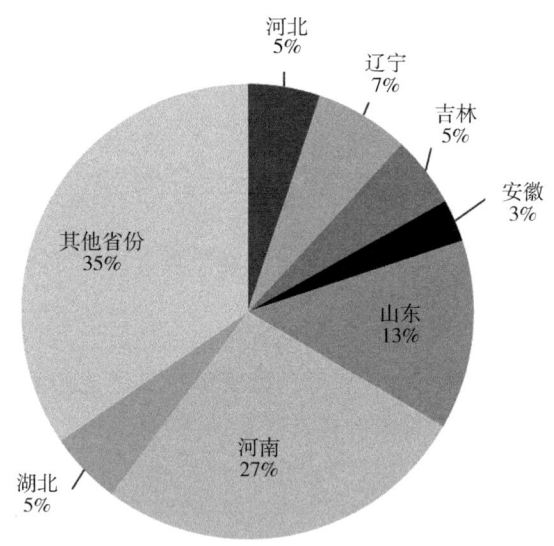

图1-1 我国各省份2020—2021年花生平均播种面积占比

花生的种植土壤主要有棕壤、褐土、潮土、砂姜黑土和盐碱

---

① 资料来源为国家统计局。
② 资料来源为国家统计局。

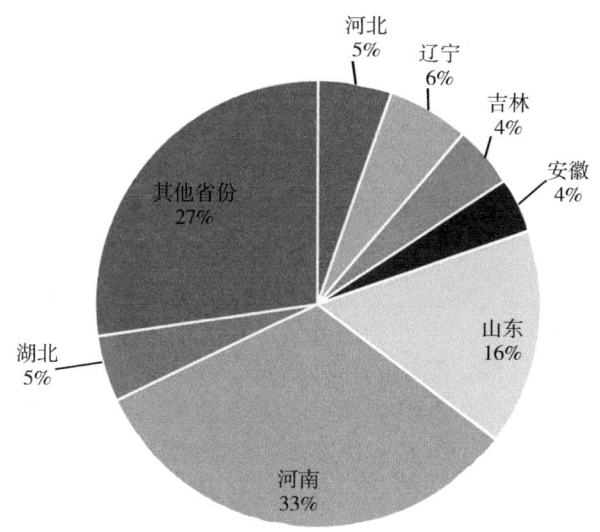

图 1-2 我国各省份 2020—2021 年花生平均产量占比

土等，有资料显示，不同土壤养分对花生生长状况影响程度不同。花生田土壤中有机质含量常为 10~20 g/kg，含量最高的在 40 g/kg 左右，有机质含量超过 30 g/kg 的比例较少，一些低产田有机质含量甚至在 10 g/kg 以下。整体来看，花生主产区普遍土壤肥力不高，有机质含量低，属于瘠薄土壤。瘠薄土壤氮含量不高，根据全国第二次土壤养分含量分级标准（表 1-1），土壤供氮不高的土壤维持有机质能力也较弱，正常情况下适宜花生种植的土壤含氮量为百分之四五十，而偏低土壤在 20% 左右。土壤普查发现，土壤磷含量的变动非常大，经检测发现花生主产区土壤磷的平均含量较低，尤其是在砂姜黑土和砂质潮土中含量很低。花生主产区山东省土壤全钾、缓效钾含量较丰富，速效钾含量不足，且呈缓慢下降趋势，其中瘠薄土壤表现较严重（万广华等，2000）。

表 1-1　全国第二次土壤普查土壤养分含量分级标准

等级	有机质/ （g/kg）	速效氮/ （mg/kg）	速效钾/ （mg/kg）	速效磷/ （mg/kg）
极高	>40	>150	>200	>40
高	30~40	120~150	150~200	20~40
中等	20~30	90~120	100~150	10~20
低	10~20	60~90	50~100	5~10
极低	<10	<60	<50	<50

据国家统计局化肥施用和耕地质量调查结果显示，我国花生主产区地力水平不均，土壤氮磷钾元素及有机质含量存在很大差异，土壤氮磷养分失衡，部分花生产区土壤耕作层土壤酸化、盐碱化明显，土壤养分失衡，土壤氮大量积累，流失严重，土壤有效磷、有效钾、钙、锌等元素含量不足，而铁、铜等元素有所积累。土壤数据库耕层养分统计数据显示（选取部分省份数据），我国各地耕层养分存在极大差异，肥力水平不均，大部分耕地有机质含量处于中等或偏低水平，氮磷钾速效养分分布也极不均匀。

一、花生田土壤养分状况

1. 土壤氮状况

氮是花生生长发育的必需元素之一，在植物体内参与许多重要化合物的形成和多种营养代谢，对植物生长发育起着直接或间接的调节作用。氮素营养不仅直接影响植株氮代谢，还影响花生形态器官建成，最终影响花生产量和籽粒品质（司贤宗等，2016）。在农业生产中，施氮能显著促进植株生长发育和干物质积累，进而提高花生产量和品质。但过多施用氮肥或氮肥供应不足均会抑制花生生长发育和产量。目前花生产区土壤肥力两极化，花生主产区由于地理位置及气候原因，花生田分为中等及以上等级肥力田块，以及肥力瘠薄田块。因为追求高产,大部分花生田存在氮肥施用过量现象,造成土壤养分元素单一及某些元素缺乏,而低产田表现为土壤养分含量低、蓄水保水能力差、元素供应不足、作物生长受限。统计数据显示(图1-3),我国超过1/3的耕地发生了退化,成为瘠薄土地,对作物减产影响达到50%以上。

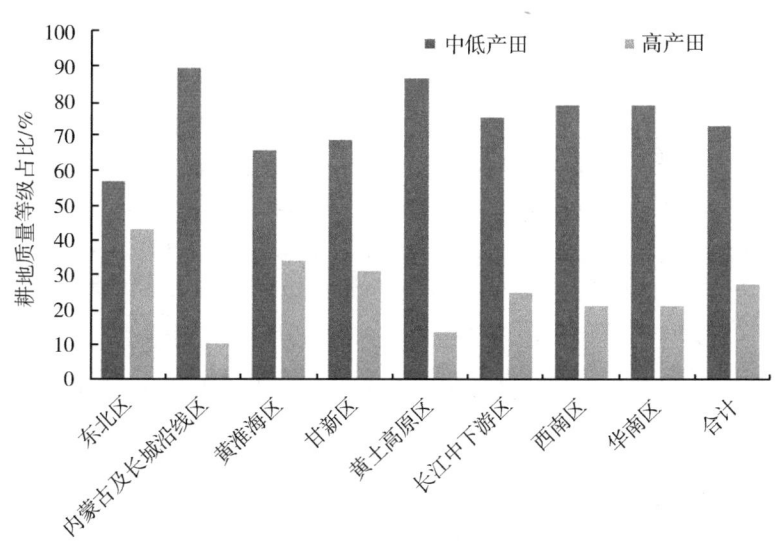

图1-3 我国各区域耕地质量等级面积占比

(数据来源:2014年农业部公报)

2. 土壤磷状况

磷是作物生长所需的另一种重要元素,花生生长期间也需要大量的磷。磷直接参与光合作用和碳的同化,在花生产量和品质的形成,以及脂肪、蛋白质、磷脂、脂肪酸和核苷酸的转化和积累中也起着重要作用。目前,我国农田磷平衡状况整体表现为盈余,且盈余程度仍在加剧。不同区域的磷平衡状况变异较大,部分地区农田磷亏缺,尤其是在中低产田和水土流失严重区,磷平衡状况呈现

"两极化"发展趋势。在山东省,土壤有效磷的平均含量为40.2 mg/kg左右,相对较充足。土壤有效磷是影响花生生长的重要因素之一,其盈亏不仅是影响世界各国农业生产发展的因素,也是影响花生产业可持续发展的重要因素。实际生产中需关注土壤肥力的平衡以及合理施肥,以维持土壤健康和作物产量。

3. 土壤有机质状况

土壤有机质是土壤中各种营养元素特别是氮磷的重要来源,其本身的胶体特性能吸附较多的阳离子,使土壤具有较好的保肥性和缓冲性,改善土壤物理性状,同时也是土壤微生物必不可少的碳源和能源,因此有机质含量是衡量土壤肥力的一个重要指标。土壤有机质含量及质量与土壤肥力关系密切,较高肥力的土壤有机质含量较高,而肥力水平低的土壤有机质含量较低。土壤作为重要的碳库,土壤有机质是作物养分的主要来源,也是影响作物产量的关键因素。然而近些年农用化肥的大量投入及不合理使用,改变了土壤pH值和有机质含量,导致花生田土壤中碳氮比失衡、有机质含量中等偏低,这就限制了微生物在土壤中的碳固定作用和氮的长期储存(Zeng et al., 2016)。当土壤碳含量不足且氮输入过量时,会导致N_2O排放量显著增加和硝态氮的淋失增加,以及土壤有机质、氮磷养分配比失调。以往土壤有机质调查结果显示,大部分花生主产区土壤有机质含量在10~20 g/kg,有机质含量处于中等或偏低水平,总体表现为有机质缺乏,且不同区域土壤有机质含量差异较大。因此,生产中应通过合理施肥和土壤管理措施来改善土壤有机质含量,提高土壤质量和花生产量。

4. 其他土壤元素状况

花生生长发育除了需要大量元素外,对钙、铁、锌、硼等元素也较敏感,土壤缺乏这些元素也会影响花生正常的生长发育。花生每形成100 kg荚果,需钙量为2.0~2.5 kg,对钙的需求量仅次于氮而高于磷，钙在维持花生正常生长发育及增强其抗逆性中具有重要作用（沈浦等，2017）。然而近些年来，由于土壤缺钙，花生荚果空秕现象剧增，山东省2014年以来花生荚果空秕率较以往增加了15%以上，减产10%以上，土壤缺钙成为花生减产的重要因素之一。由于施肥结构的改变及高浓度氮磷复合肥的施用，施肥过程带入的土壤钙素逐年减少，土壤钙入不敷出，花生田缺钙现象日益严重。锌、镁等元素同样也存在缺乏现象，以镁、钙元素为例，按照常用化肥施用量750~900 kg/hm²三元复合肥计算，每年花生田施入的镁元素量为7~8.5 kg/hm²，钙元素为1 kg/hm²左右，这与花生实际需镁量（26.5~42.5 kg/hm²）和需钙量（40~70 kg/hm²）存在较大差异。而实际生产中高纯度化肥的普遍施用极大地降低了钙镁磷肥、磷矿粉等低浓度肥料带入土壤的中微量元素，导致许多花生田土壤中微量元素处于亏缺状态（郑亚萍等，2018；孙学武等，2020）。对望城、夏甸和齐山花生区土壤基本性质进行测定，结果显示土壤中0~30 cm土层中钙镁元素含量均较低，无法满足花生生长所需。

二、花生田土壤物理性质状况

土壤物理性质是影响作物生长发育的重要因素，是反映土壤肥力的重要指标。不同的土壤物理性质会造成土壤水、气、热的差异，影响土壤中矿质养分的供应状况，从而影响作物的生长发育。土壤物理性质包括土壤结构和孔隙性、土壤水分、土壤空气、土壤热量和土壤耕性等。其中，土壤水分、空气和热量作为土壤肥力的构成要素直接影响着土壤的肥力状况，其余的物理性质则通过影响土壤水分、空气和热量状况来影响土壤微生物的活动和矿质养分的转化、存在形态及其供给等，进而对土壤肥力状况产生间接影响。

土壤质地对作物根系生长及地上部产量形成有着不同的影响。不同的土壤质地使作物根系伸展程度、根系活力大小表现不同。研究表明，黏土上种植的花生脂肪含量、亚油酸含量最高，砂土上种植的花生蛋白质含量、油酸含量和油酸/亚油酸比（O/L）最高（金建猛等，2013）。土壤质地也是评价土壤质量的重要条件之一，与土壤的保水、保肥及供水、供肥能力有关。偏砂性土壤保肥保水性能差，但通气性好，易早发苗；黏质土保肥性能好，但耕性差，不利于早发苗，因此要根据作物的生物学特性及耕作栽培措施选择适宜的土壤质地。另外，土壤容重也影响作物生长及根系在土壤中的穿插和活力大小。而土壤容重又受到土壤耕作措施的影响，不同耕作方式和耕种方法可以改善土壤容重状况，有效提高作物产量。有研究表明，与多年连作花生处理相比，两年玉米—花生间作处理和两年花生—玉米轮作处理提高了花生产量、蛋白质含量和粗脂肪含量（杨坚群等，2019）。另外，土壤的通气性对作物生长也有着很大影响。孔隙数量、大小、比例和分布适当才有利于根系活动和水、肥、气、热的协调，有助于改善土壤的结构和肥力。

我国绝大部分花生产区土地平整，耕种历史久远，农业开发利用度高，各类小型农机具广泛使用，其中旋耕机于20世纪70年代被大面积推广应用。旋耕机旋耕作业深度一般不到15 cm，旋耕机的长期使用，导致有效耕层厚度普遍为15 cm左右，而犁底层普遍分布在15~30 cm土层之中。有的田块耕层只有10~12 cm，犁底层变为40~50 cm的压实层。而农作物根系主要分布在20~30 cm土层内，该深度被认为是适宜的耕作层厚度。连年实施旋耕，犁刀挤压导致土壤耕层变浅、犁底层变厚变硬，降低了土壤蓄水保墒保肥能力，阻碍了作物根系的生长和分布，降低了农作物对自然灾害的抵抗力，作物生长后期易发生倒伏早衰而减产，土壤紧实、物理性质变差已成为花生主产区作物生长及产量的制约因素。近年来，受土壤类型、质地、有机质等自然条件及农田施肥、耕作管理、种植模式等管理因素的影响，花生田土壤紧实胁迫发生程度越来越严重，对植株根系生长、根瘤固氮及产量形成等产生强烈的负效应，导致产量减少、品质下降，已成为制约我国花生产业可持续发展的重要因素之一（沈浦等，2020）。此外，花生田长期单一耕作方式及其他管理措施也会影响土壤团聚体结构。土壤团聚体结构对作物生长发育至关重要，而团聚体对土壤耕作的反应也很复杂。土壤耕作有助于直接打破土壤紧实状况，改善土壤通气和水分条件，并激活土壤养分（孟翠萍等，2023）。适当的土壤耕作方式能调整土壤团聚体结构，改善土壤性质和养分环境。花生田常规耕作较免耕能降低土壤大团聚体数量，增加中小团聚体占比，其中深耕效果最好。

三、花生田土壤污染状况

土壤污染物大致可分为无机污染物和有机污染物两大类。无机污染物主要包括酸、碱、重金属、盐类、放射性元素铯和锶、微塑料，以及含砷、硒、氟的化合物等。有机污染物主要包括有机农药、酚类、氰化物、石油、合成洗涤剂、3,4-苯并芘以及由城市污水、污泥及厩肥带来的有害微生物等。当土壤含有害物质过多，超过土壤的自净能力，就会引起土壤的组成、结构和功能发生变化，微生物活动受到抑制，有害物质或其分解产物在土壤中逐渐积累，通过"土壤→植物→人体"，或通过"土壤→水→人体"间接被人体吸收，达到危害人体健康的程度，就是土壤污染。土壤污染不仅会导致农作物减产和农产品品质降低，污染地下水和地表水，还会影响大气环境质量，更严重还会危害人体健康。

重金属是典型的土壤污染物，可以通过自然过程或人为输入在土壤介质中积累和转移，威胁农产品质量、生态安全和人类健康。随着社会经济的迅速发展，土壤重金属污染问题已经引起了全世界的高度重视和深入研究。作为全球经济发展最快且人口分布最密集的国家之一，中国土壤污染面积已达 100 万 km^2，其中 70% 是重金属污染（石航源等，2023）。土壤中重金属的来源多种多样，主要来自母质风化的自然成土过程、大气沉降，以及化肥和煤炭燃烧等人为来源。

微塑料通常指直径 <5 mm 的塑料颗粒。环境中的塑料可以经

过一系列物理、化学、生物过程而降解为微塑料（Hurley et al.，2018），其在土壤、湖泊和海洋水体、生物和沉积物等多种环境介质中大量积累，严重污染生态环境。土壤是构成陆地生态系统最基本的环境要素，是人类生存和发展的物质基础。土壤中微塑料的污染和迁移转化过程对土壤生态系统起着至关重要的作用。

据统计，全球超过 1 000万 hm^2 农田通过覆盖地膜来抑制杂草生长、减少土壤养分和水分流失、增加地温、促进作物生长进而提高作物产量（Kader et al.，2017）。自 1950 年以来，塑料制品在世界范围内大量生产和广泛使用，塑料会因光降解、风化和人类活动而开裂、破裂和磨损。随着时间的增长，它们中的许多成分被分解成粒径<5 mm 的微塑料，并广泛存在于环境中。农业生态系统是陆地生态系统的重要组成部分。地膜的使用能够显著提高作物产量，但也将大量微塑料和塑化剂引入农业土壤，并逐年在土地中积累，成为威胁农业生态系统可持续性的新兴污染物（Huang et al.，2020）。微塑料污染土壤可直接或间接影响土壤性质（包括土壤紧实度、土壤 pH 值和养分含量）和生物功能（包括微生物群落多样性和功能、植物与土壤微生物的相互作用），从而对作物形态和生理产生负面影响。据统计，我国花生田普遍使用无色透明聚乙烯地膜，地膜厚度多为 0.004~0.006 mm，使用率为 80% 以上，地膜使用量约为 45 kg/hm^2，北方地膜残留量在 20~90 kg/hm^2，此外，花生田残膜主要集中在 0~10 cm 浅层土壤中。由此可见，我国花生田均存在不同程度的微塑料污染。今后应大力推广节约型地膜使用技术，加强农田残膜污染监控与回收，有效防治花生田残膜造成的污染。

四、花生田土壤微生物生态状况

土壤微生物生态是在一定时间和空间范围内由微生物的个体、种群、群落与它们所在的土壤环境通过能量流动和物质循环所组成的一个自然体。土壤有团粒结构，并栖息着极为丰富、种类繁多的微生物群落，这使土壤具有强烈的吸附、过滤和生物降解作用。土壤中微生物的垂直分布与紫外线辐射、营养、水分、温度等因素有关。土壤本身的物理化学性质如温度、pH 值以及外在环境如季节、天气、人为管理等时刻都在变化，因此，土壤微生物群落并不是一成不变的，而是处于一个不断变化的动态平衡之中。影响土壤理化性质、土壤微生物群落结构及组成的因素也有很多，既包括自然因素也包括人为因素。

土壤微生物与环境间的关系极为复杂，不仅受土壤性质、周围非生物因素等环境条件的制约，还受植物种类、自身生物特性的影响。植物根附近的土壤，即根际土壤，是微生物最活跃的区域。土壤微生物群极其复杂多样，包括古生菌、细菌、真菌、原生生物等，它们参与各种生态系统功能和服务，如初级生产、养分循环、气候调节和病原体控制，这些与农业生态系统中的全球粮食供应密切相关。由于微生物具有适应环境变化的特性，如高度的代谢灵活性、生理耐受性、种群规模大、生长迅速和进化适应能力强等，所以根际土壤中的微生物非常活跃。这类促进植物生长的微生物也被称为植物根际促生菌。根际促生菌是指自由生活在土壤中或定植于植物的根表、根内或茎叶具有促进植物生长或对抗病原体特性的一类有益细菌。根际促生菌在土壤中表现出高度的多样性。这类根际促生菌可以通过直接和间接两种作用机制促进植物生长。直接作用机制包括氮素固定、溶解难溶性磷和钾、减轻植物胁迫以及促进植物生长等。其中，根瘤菌是一类广泛存在于土壤中的革兰氏阴性细菌，能与豆科植物共生形成根瘤，在根瘤内，根瘤菌固定大气中的氮，向豆科宿主供应氮素营养，从而最大限度地减少农业对氮肥的投入，同时还能保持作物产量在较高水平（Siczek et al.，2016）。对农业生态系统而言，根瘤菌-豆科植物共生固氮体系至关重要，其年均固氮量占年总氮输入的 1/4，为豆科植物的生长发育做出突出贡献（Htwe et al.，2019）。

土壤微生物是土壤生态系统的重要组成部分，主导着土壤生态系统的养分循环和能量流动,在维持系统的稳定性和恢复能力方面发挥着重要的作用。研究表明,土壤微生物基本上参与了所有的土壤生物化学反应过程。土壤微生物的活动和分布状况反映了土壤环境和微生物间的相互作用结果,丰富的微生物群落可形成稳定、微生物活性良好的优质土壤。花生田耕作措施、栽培方式、水肥管理及其他田间管理活动均会影响土壤微生物生态环境,引起土壤微生物群落结构组成和多样性的变化。研究发现秸秆还田提高了土壤微生物群落的活性,有利于促进土壤团粒结构的形成和团聚体稳定性的提高(高洪军等,2020)。分区施肥研究表明,施肥对土壤微生物有显著影响且根区和果区微生物有显著差异性,根区和果区会富集不同的土壤微生物进而调节土壤养分转化吸收(Liang et al.,2024)。土壤碳是微生物的重要能源物质,而花生田长期过量氮肥投入造成土壤碳氮比(C/N)失衡,土壤微生物活性和丰富度降低,施用外源碳及有机物替代化肥可为土壤提供大量碳源,提高土壤微生物活性(Liang et al.,2023)。另外,由于花生田长期使用地膜带入大量微塑料和塑化剂到土壤,造成不同程度的土壤污染。生物炭作为一种新兴的土壤改良剂,具有修复土壤污染的作用。研究表明,施用生物炭可以通过调节氮循环和有机质分解,恢复被微塑料污染抑制的微生物群落多样性和丰富度,促进根际土壤养分有效性(Yang et al.,2024a)。由此可见,土壤微生物受多种因素影响,农业生产中应建立合理的耕作、施肥及田间管理措施,推进土壤生态健康发展。

第二章　花生田土壤肥力计量学热点分析

　　提升土壤肥力是维持农业可持续发展和保障我国粮食安全的重要保证，国家相继出台政策，强调要持续推进耕地保护和提升耕地质量。充分科学地利用有机和无机养分资源，是保证我国农田生产力不断提高、作物持续增产和生态环境良好的关键。因此，全面了解花生田耕地现状及化肥施用状况，同时对未来发展趋势及热点进行展望，可为耕地质量提升、绿色优质生产提供理论依据。

　　花生是中国重要的经济作物和油料作物，也是植物蛋白的主要来源。近年来，随着花生种植面积的不断扩大，其在我国油料作物的战略布局中具有举足轻重的作用（廖伯寿，2020）。但是当花生采收后，地表暴露会导致土壤养分流失、肥力下降、花生增产困难等问题。近几年来，在对全国农田土壤状况的调查中，发现我国农田土壤目前普遍存在着土壤肥力不足的问题。造成土壤肥力下降的原因可能是过度施肥造成土壤盐碱化和板结，使农作物产量降低，也有可能是因为土地缺乏管理，没有对种植的农作物进行合理搭配，造成土壤肥力下降等（梁海燕等，2024）。针对花生田肥力下降这一问题，学者们采取了一些措施解决此问题。例如，研究发现减氮配施生物炭有利于提高土壤铵态氮和速效钾的含量（黄亚男，2023）；有机无机肥配施会提高土壤酶活性，进而增加土壤有机质、硝态氮、有效磷等土壤养分含量，从而提升花生产量（姜梓渔，2023）；秸秆还田与深松结合，可提高以氮素为主的土壤养分含量，深松可改善土壤结构，促进根系生长，保持根系活力，从而达到增产目的（张鹤等，2020）。但目前关于土壤肥力的研究较为有限。为了更好地促进农业可持续发展，有必要对土壤肥力下降的原因及相应措施进行研究。本章将利用文献计量学方法（高祥照等，2013；沈振锋等，2020；刘明信等，2020），基于中国知网（CNKI）期刊数据库，统计和分析花生田肥力状况相关研究的发文时间、期刊、研究机构及国家、研究学科领域、研究内容等方面，利用 CiteSpaceⅥ 可视化软件，对该领域的研究热点进行预测与分析，比较客观地展现当前花生田肥力状况，为相关研究人员及时掌握花生田肥力状况提供数据参考。

土壤肥力研究期刊文献来源于中国知网（CNKI）的中国学术期刊网络出版总库和 ISI web of Science 核心合集数据库。英文检索式为"主题=（peanut or groundnut）AND 主题=（soil fertility）OR 主题=（soil nutrient）"，文献类型为"Article or Review"；中文检索式为"主题=（花生）并含主题=（土壤肥力）或（土壤养分）"。检索日期为"年月日"。为了查准率和查全率，对检索结果进行筛选，去除无关的文献。之后 SCI 论文数据导入 Incites 数据库进行文献分析，利用 CiteSpaceⅥ 对 CNKI 及 SCI 数据库中的数据进行挖掘，并对其进行可视化分析（郑泽宇和陈德敏，2020；雷绍海和王成军，2022；吴曼等，2024）。对关键词进行聚类，不同研究内容时间段范围为 1945—2024 年，勾选关键词，使用 LLR 算法提取研究前沿术语，再对聚类词进行 Timeline 分析（刘婧，2004）。得出关键词的频次并生成干旱瘠薄地的可视化知识图谱。

花生田土壤肥力状况的文献数据来源包括两部分，英文文献以及 ISI web of Science 核心合集数据库，包括 SCI－E（Science Citation Index Expanded）和 CPCI－S（Conference Proceedings Citation Index-Science）为基础数据来源，中文文献来源于中国知网的中国学术期刊网络出版总库。为保证检索结果的学术性和高质量，文献类型选择为 SCI、EI、北大核心、CSSCI、CSCD、AMI。检索结果：SCI 论文共 1 178 篇；CNKI 期刊论文共 219 篇；CNKI 学位论文共 245 篇,其中硕士学位论文共 207 篇、博士学位论文共 38 篇。

一、花生田土壤肥力研究进程分析

如图 2-1 所示,CNKI 期刊中关于花生田肥力状况的论文文献共有 219 篇,首篇期刊论文在 1992 年发表,此后的文章数量随年份的增加呈波动上升趋势;SCI 数据库论文共 1 178 篇,首篇论文在 1944 年发表,此后文章数量的增长趋势与 CNKI 期刊论文一样呈波动上升趋势。从整体上看,我国 CNKI 期刊中关于花生田肥力状况的论文文献的数量与 SCI 数据库论文相比相差甚多,说明我国对于花生田肥力状况的研究相较于国外来说,还有一定的差距,相关研究较少。SCI 数据库论文自 2010 年以来,增幅较往年来看较为显著,其中 2022 年发文量最多,达到了 116 篇;CNKI 期刊论文自

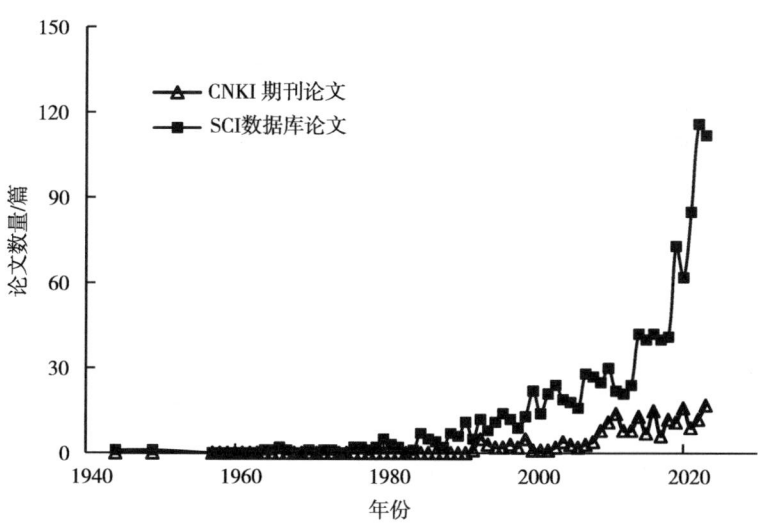

图 2-1　国内外花生田肥力研究期刊论文随时间分布

2010年至2023年，期刊论文的发表数量呈现平稳式波动，其中2023年发文量最多，达到了17篇。

图2-2是CNKI收录的有关花生田肥力状况的学位论文随时间分布情况，CNKI中学位论文的数量同样随年份的增加呈波动上升趋势。由图2-2可以看出，学位论文中大多为硕士论文，博士论文占比小。说明我国对花生田肥力状况的深层次研究有所欠缺。有关花生田肥力状况的学位论文数量在2020年最高，达到25篇。发文量的增加说明随着时代的发展，花生田肥力状况的研究对农业生产有一定的应用价值，人们对花生田肥力状况的相关研究也越来越重视。

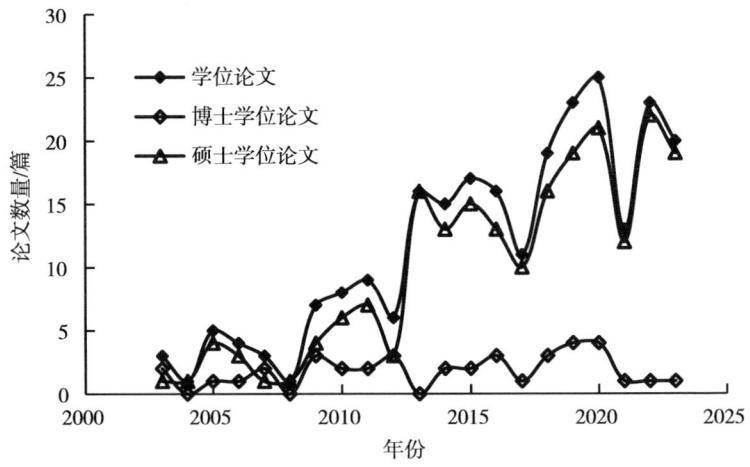

图2-2 花生田肥力研究CNKI收录学位论文随时间分布

从上述文献数据中可以看出，关于花生田肥力状况这一研究课题，国内外的关注度基本一致，大体可以划分为两个阶段，第一个时期为1945—2010年，国内外对花生田肥力状况都没有足够重视，文献数量也很少；第二个时期为2010—2024年，这是花生田肥力状况研究的快速发展阶段，此时，国内外对花生田肥力状况的关注度持续上升，文献发表量急剧增多。从整体上看，目前国内外关于花生田肥力状况的研究一直在不断升温，其已成为研究重点和热点之一。

二、花生田土壤肥力研究期刊和机构分析

1. 土壤肥力研究机构及国家地区分布

对研究机构进行分析，可以进一步了解国内外花生肥力研究领域的强势研究机构。CNKI 中 219 篇期刊论文来自 213 个国内不同研究机构；245 篇花生肥力学位论文来自 56 个国内学位授予机构，学位论文以硕士学位论文为主，其中 38 篇博士学位论文来自 23 个学位授予机构，207 篇硕士学位论文来自 51 个国内学位授予机构。国内 CNKI 数据库中花生田肥力研究期刊论文和学位论文数量排前 20 位的研究机构如表 2-1 所示。在花生田肥力研究领域的主要研究机构为农林类科研机构，期刊论文发文量排前 4 位的机构分别为中国科学院、河南省农业科学院、山东农业科学院、山东省花生研究所，硕士学位论文数量排前 4 位的机构分别为山东农业大学、沈阳农业大学、海南大学和南京农业大学，而博士学位论文数量排前 4 位的机构分别为北京林业大学、西北农林科技大学、甘肃农业大学、沈阳农业大学。

1 178 篇 SCI 论文由国内外 95 个国家和地区的 770 个研究机构发表，发文量排前 3 位的国家为印度、中国、美国，发表论文数量分别为 295、270、212 篇，被引频次排前 3 位的为美国、中国、印度，被引频次分别为 8 399、7 439、4 715。其中中国研究机构共 111 个，发文量和被引频次排前 4 位的机构均分别为中国科学院、中国农业科学院、中国农业大学和农业农村部，论文发文量和被引频次排前 20 位的机构如表 2-2 所示。111 个花生田肥力研究的科

表 2-1 国内 CNKI 数据库花生田肥力研究文献研究机构分布

编号	CNKI 期刊论文		CNKI 学位论文		CNKI 博士学位论文		CNKI 硕士学位论文	
	单位	论文篇数	学位授予单位	论文篇数	学位授予单位	论文篇数	学位授予单位	论文篇数
1	中国科学院	29	山东农业大学	31	北京林业大学	5	山东农业大学	30
2	河南省农业科学院	17	沈阳农业大学	24	西北农林科技大学	4	沈阳农业大学	21
3	山东省农业科学院	16	南京农业大学	14	甘肃农业大学	3	海南大学	12
4	山东省花生研究所	14	海南大学	12	沈阳农业大学	3	南京农业大学	12
5	沈阳农业大学	12	江西农业大学	12	贵州师范大学	2	江西农业大学	11
6	南京农业大学	11	辽宁工程技术大学	9	华南农业大学	2	辽宁工程技术大学	9
7	山东农业大学	9	北京林业大学	8	南京农业大学	2	河北农业大学	8
8	中国农业科学院	9	河北农业大学	8	南京农业大学	2	中南林业科技大学	8
9	农业农村部	8	中南林业科技大学	8	福建农林大学	1	福建农林大学	6
10	中国热带农业科学院	7	福建农林大学	7	广西大学	1	湖南农业大学	6
11	福建农林大学	6	广西大学	6	哈尔滨工业大学	1	广西大学	5
12	广西大学	6	贵州师范大学	6	华中农业大学	1	贵州大学	5
13	广西农业科学院	6	湖南农业大学	6	江西农业大学	1	华中农业大学	5

（续表）

编号	CNKI期刊论文 单位	论文篇数	CNKI学位论文 学位授予单位	论文篇数	CNKI博士学位论文 学位授予单位	论文篇数	CNKI硕士学位论文 学位授予单位	论文篇数
14	华南农业大学	6	华中农业大学	6	南京师范大学	1	宁夏大学	5
15	河南师范大学	4	西北农林科技大学	6	山东农业大学	1	东北农业大学	4
16	江西农业大学	4	甘肃农业大学	5	山西农业大学	1	贵州师范大学	4
17	辽宁省风沙地改良利用研究所	4	贵州大学	5	四川农业大学	1	河南农业大学	4
18	青岛农业大学	4	华南农业大学	5	西安理工大学	1	北京林业大学	3
19	新疆农业大学	4	宁夏大学	5	西南大学	1	华南农业大学	3
20	中国农业大学	4	东北农业大学	4	中国海洋大学	1	四川农业大学	3
21			河南农业大学	4	中国林业科学研究院	1	西南大学	3
22			南京林业大学	4	中国林业大学	1	中国农业科学院	3
23			四川农业大学	4	中国农业科学院	1		
24			西南大学	4				
25			中国农业科学院	4				

研机构来自 28 个省区市，研究机构中来源最多的 3 个省市分别为山东（14）、北京（12）、江苏（12）。这些研究机构以农业和学术力量较强的省份为重点，由于其自身的专业优势，农林学类研究院所是对水肥一体研究的活跃机构，是我国这方面发文的主要科研单位，属于国内该领域发文的领军团体。此外，中国学者和科研机构在国外的发文量及被引频次位居第二，在一定程度上彰显了中国在该领域领先的研究优势。

表 2-2　SCI 数据库花生田肥力研究文献研究机构分布

编号	论文数量排名		被引频次排名	
	研究机构	论文数量	研究机构	被引频次
1	中国科学院	141	中国科学院	4 931
2	中国农业科学院	43	农业农村部	1 666
3	中国农业大学	32	中国农业科学院	1 655
4	农业农村部	31	中国农业大学	1 524
5	山东省农业科学院	31	浙江农林大学	611
6	沈阳农业大学	17	山东省农业科学院	525
7	青岛农业大学	15	佛山大学	387
8	华南农业大学	12	南京农业大学	386
9	山东农业大学	11	青岛农业大学	311
10	福建农林大学	10	中国海洋大学	297
11	南京农业大学	9	福建农林大学	279
12	华中农业大学	9	华中农业大学	245
13	湖南农业大学	7	华南农业大学	242
14	中国海洋大学	6	青岛大学	233
15	广西壮族自治区农业科学院	6	长江大学	213
16	南京师范大学	6	生态环境科学研究中心	199
17	南京林业大学	6	山东农业大学	162
18	西南大学	6	沈阳农业大学	155
19	湖北省农业科学院	5	中国热带农业科学院	154

(续表)

编号	论文数量排名		被引频次排名	
	研究机构	论文数量	研究机构	被引频次
20	河南农业大学	5	天津师范大学	147
21	江西省农业科学院	5		
22	辽宁省农业科学院	5		

2. 期刊分析

219 篇 CNKI 期刊论文共发表在 75 个期刊中，在这些期刊中，有 35 种期刊载文量超过 1 篇，共发表文章 179 篇，占总文章数的 81.74%。发文量排前 24 位的期刊如表 2-3 所示，基本以农林类期刊为主，发文量超过 10 篇的期刊有 5 个，分别为《花生学报》《中国油料作物学报》《土壤》《土壤通报》《中国土壤与肥料》。

1 178 篇 SCI 论文共发表在 363 个国际期刊上，在这些期刊中，有 144 种期刊载文量超过 1 篇，共发表文章 924 篇，占总文章数的 78.44%。发文量排前 22 位的期刊如表 2-3 所示，基本还是以农林类期刊为主。根据 JCI 分区，363 个花生田肥力研究领域发文期刊 Q1 区论文有 107 篇、Q2 区论文有 82 篇、Q3 区论文有 52 篇、Q4 区论文有 47 篇。期刊来源最多的 3 个国家为美国（68）、英格兰（59）和荷兰（42）。期刊来源出版商最多的 4 个出版商为 Springer Nature（68）、Elsevier（60）、Taylor & Francis（30）、Wiley（22）。

论文被引频次指标可以客观地说明该期刊总体被使用和受重视的程度，以及其在学术交流中的作用和地位。被引频次较高的期刊多为 Q1 区期刊，被引频次排前 3 名的期刊为 *Agriculture Ecosystems & Environment*、*Plant and Soil*、*Field Crops Research*。论文发文量较多但是被引频次不高的原因可能与期刊影响因子较低有关。由表 2-3 可以看出发文及被引频次较多的期刊主要为农业和环境类的专

表2-3 国内外花生田肥力研究文献期刊分布

编号	CNKI 期刊论文		SCI 期刊论文		SCI 期刊论文	
	期刊名称	论文数量	期刊名称	论文数量	期刊名称	被引频次
1	花生学报	18	Plant and Soil	44	Agriculture Ecosystems & Environment	2 655
2	中国油料作物学报	16	Field Crops Research	43	Plant and Soil	2 082
3	土壤	12	Communications in Soil Science and Plant Analysis	41	Field Crops Research	1 715
4	土壤通报	11	Journal of Plant Nutrition	37	Chemosphere	948
5	中国土壤与肥料	10	Agronomy Journal	34	Agronomy Journal	909
6	河南农业科学	9	Legume Research	34	PLOS One	829
7	江苏农业科学	9	Indian Journal of Agricultural Sciences	31	Biology and Fertility of Soils	826
8	土壤学报	7	Agriculture Ecosystems & Environment	27	Transactions of the Asabe	717
9	花生科技	6	Indian Journal of Agronomy	20	Journal of Soils and Sediments	693
10	水土保持学报	6	Scientific Reports	17	Journal of Environmental Quality	632
11	西南农业学报	5	Frontiers in Plant Science	17	Ecological Applications	590
12	应用生态学报	5	Nutrient Cycling in Agroecosystems	16	Journal of Plant Nutrition	582

(续表)

编号	CNKI 期刊论文		SCI 期刊论文		
	期刊名称	论文数量	期刊名称	论文数量	被引频次
13	中国农学通报	5	*Agronomy-Basel*	14	*Microbiological Research* 483
14	广东农业科学	4	*PLOS One*	13	*Scientific Reports* 478
15	湖北农业科学	4	*Journal of Soils and Sediments*	13	*Communications in Soil Science and Plant Analysis* 448
16	植物营养与肥料学报	4	*Plants-Basel*	13	*Applied Soil Ecology* 387
17	中国农业科学	4	*Sustainability*	12	*Soil Use and Management* 382
18	作物杂志	4	*Applied Soil Ecology*	11	*Biochar* 377
19	安徽农业科学	3	*Environmental Science and Pollution Research*	11	*Environmental Science and Pollution Research* 325
20	华北农学报	3	*Experimental Agriculture*	11	*Current Opinion in Environmental Sustainability* 294
21	农业工程学报	3	*Science of the Total Environment*	11	
22	生态学报	3	*Frontiers in Sustainable Food Systems*	11	
23	水土保持通报	3			
24	应用与环境生物学报	3			

业期刊。由于花生田肥力状况受到广大农业工作者的重视，对于花生田肥力状况的研究文献多发表在中文核心和 SCI 等高水平期刊上，高水平期刊在一定程度上能够彰显该研究领域的前沿性和热点，具有一定的传播性，进而会有更多的农业工作者会意识到提升土壤肥力的重要性。

3. 研究学科领域分布

文献学科分布反映本领域的研究范围和学科属性，根据中国国务院学位委员会学科一级及二级分类标准对 1 178 篇 SCI 文献进行学科分类，所属一级学科及发文量排前 20 位的二级学科如表 2-4 所示。在 14 个一级学科中，花生田肥力研究文献分属于其中的 8 个一级学科，其中发文量和被引频次最多的 3 个一级学科为"09 农业""08 工程""07 自然科学"，占比超过了 90%。在 112 个二级学科中，1 178 篇 SCI 花生田肥力研究文献分属于其中的 81 个二级学科，发文量和被引频次最多的 3 个二级学科分别为"0901 作物科学""0903 农业资源与环境科学""0830 环境科学与工程"，占比超过了 70%。一级学科及二级学科领域的分布体现了花生田肥力研究的内涵外延。由表 2-4 可以看出，一级学科中含有农业、工程、医学、管理、法律等多个学科，说明这些学科发挥了加强跨学科研究的枢纽桥梁作用，促进了学科交叉。

三、花生田土壤肥力研究重点和热点

1. 关键词词频

选取中外文文献数据中每个时间切片（1 年）中前 50 个关键词绘制共现图谱，分别如图 2-3 和图 2-4 所示，同时将频次较高的关键词列在表 2-5。

共现分析法是将一对词语在同一文献中出现的数量进行两两统计，并以此来度量二者的亲疏程度，以便更好地了解领域研究的

表 2-4 国内外花生田肥力研究 SCI 文献学科领域分布

序号	一级学科			二级学科		
	编号和名称	SCI论文数量	被引频次	编号和名称	SCI论文数量	被引频次
1	09 农业	575	12 572	0901 作物科学	389	7 475
2	08 工程	315	11 554	0903 农业资源与环境科学	266	7 307
3	07 自然科学	216	7 188	0830 环境科学与工程	229	9 136
4	10 医学	43	657	0710 生物学	85	2 115
5	14 交叉学科	36	378	0703 化学	77	1 058
6	12 管理	24	165	0713 生态学	67	3 744
7	03 法律	14	73	0820 石油天然气工程	62	1 406
8	04 教育	16	19	1400 交叉学科	43	687
9				0832 食品科学与工程	42	464
10				0815 水利工程	39	573
11				0836 生物技术和生物工程	36	500
12				0907 林业	32	310
13				0828 农业工程	30	1 050

(续表)

序号	一级学科			二级学科		
	编号和名称	SCI 论文数量	被引频次	编号和名称	SCI 论文数量	被引频次
14				0708 地球物理学	26	440
15				0817 化学工程与技术	24	302
16				0905 动物科学	23	65
17				0812 计算机科学与技术	23	36
18				1203 农林经济与管理	19	145
19				0902 园艺	18	147
20				0816 测绘	16	178
21				0706 大气科学	16	152

第二章 花生田土壤肥力计量学热点分析

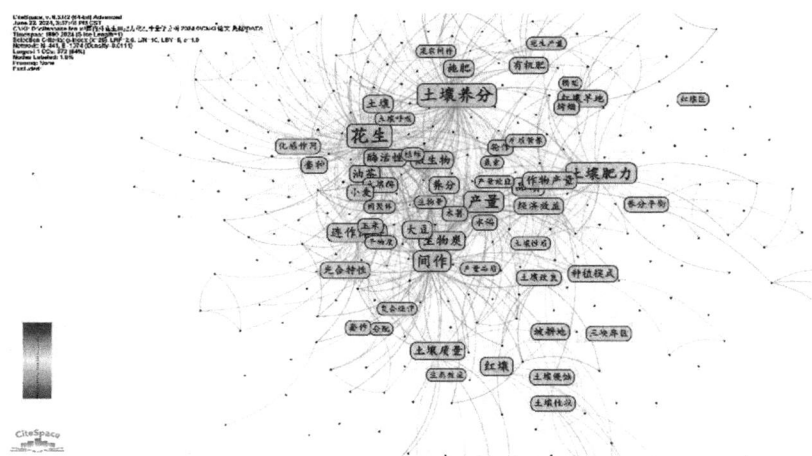

图 2-3 花生田肥力中文文献数据的关键词共现网络

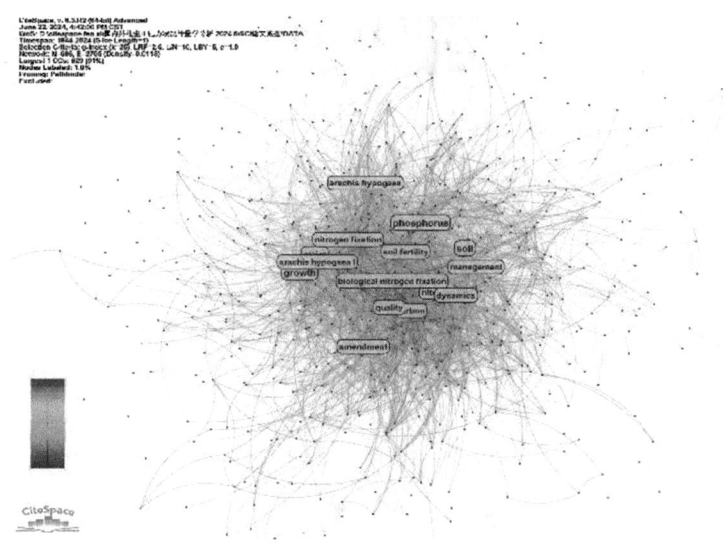

图 2-4 花生田肥力 SCI 文献数据的关键词共现网络

表 2-5 花生田肥力文献数据的高频关键词

序号	中文关键词			英文关键词		
	关键词	频次	中心度	关键词	频次	中心度
1	花生	111	0.59	soil	145	0.18
2	土壤养分	87	0.33	growth	144	0.12
3	产量	67	0.19	yield	140	0.04
4	土壤肥力	39	0.23	nitrogen	122	0.1
5	间作	34	0.14	management	107	0.06
6	品质	27	0.06	soil fertility	87	0.07
7	生物炭	19	0.05	maize	79	0.08
8	连作障碍	17	0.05	productivity	73	0.04
9	红壤	16	0.12	phosphorus	68	0.12
10	油茶	13	0.04	carbon	63	0.08
11	养分	13	0.03	peanut	58	0.05
12	作物产量	11	0.04	organic matter	56	0.04
13	微生物	10	0.02	quality	53	0.09
14	坡耕地	10	0.03	use efficiency	39	0.01
15	土壤质量	10	0.1	wheat	34	0.05
16	施肥	9	0.04	nutrient uptake	33	0.04
17	土壤	9	0.01	nitrogen fixation	33	0.07
18	种植模式	9	0.04	microbial community	30	0.01
19	酶活性	8	0.01	plant growth	30	0.02
20	红壤旱地	8	0.04	biological nitrogen fixation	28	0.07

进程，从而揭示研究的结构。由图 2-3 和图 2-4 可以看出。共现网络中关键词与关键词之间交错纵横，说明国内外对花生田肥力状况的研究所涉及的领域较广。对国内外花生田肥力状况的研究文献进行关键词分析，获得最高频关键词如表 2-5 所示。一般认为，关键词出现频次高、中心性强的为研究热点（刘婧，2004）。经统计发现，国内花生田肥力状况研究关注热点是花生（111）、土壤养分（87）、产量（67）、土壤肥力（39）、间作（34）等。国际花生田肥力状况研究关注热点是 soil（145）、growth（144）、yield（140）、nitrogen（122）、management（107）等。总体而言，花生田肥力研究的内容较为丰富，主要集中在土壤养分、土壤肥力、花生产量及品质等方面。

2. 关键词共现聚类分析

共现聚类分析是聚类方法在共现网络的具体应用，它是一种以共现强度为基本计量单位，对特定的关键词共现集合进行分类聚合的定量处理技术。利用这种技术，可以将联系紧密的节点划分为不同的节点子群，并且依据相关网络指标定量计算出子群与子群之间的距离，距离体现联系程度，进而生成某研究领域的共现网络聚类图，从而进一步攫取共现网络中的信息。本节采用 CiteSpace 技术，对花生田肥力状况文献中的关键字共现网络进行聚类分析，得到了相应的可视化视图。

关键词共现网络聚类图中节点代表关键词，节点与节点之间若有连线，则表示同为某文献的关键词。图中聚类标签算法从标题、关键词和摘要中抽取得到。网络的模块化是一种对其总体结构的全局性度量，而模块化 Q 值和平均轮廓值（S 值）则是评价整个网络结构性能的两项重要指标（胡佳卉和孟庆刚，2017）。$Q>0.3$ 表示聚类结构是明显的，在 $S>0.5$ 的情况下，聚类的合理性被普遍认可，而在 $S>0.7$ 的情况下，聚类的可靠性更高（陈悦等，2015）。图 2-5 显示，国内花生田肥力文献关键词共现网络共形成

9个聚类，标识了该研究领域的知识基础结构及其动态演进的过程。Q 值 0.581 1（>0.3）表示聚类是有效的，S 值 0.867 3表明结果是可信的。聚类#0、#1、#2、#3、#5、#6、#7、#8 交互叠错、联系较紧密，且聚类#0、#1、#2、#3 可归为土壤酶活性和土壤肥力对花生产量的影响。图 2-6 显示，花生田肥力 SCI 文献关键词共现网络共形成 10 个聚类，Q 值 0.498 2（>0.3）显示了聚类的有效性，S 值 0.788 5 显示结果具可信性。聚类#0、#1、#2、#3、#4、#5、#6、#7 交互叠错、联系较紧密，且聚类#0、#1、#2 可归为酸性以及半酸性土壤对花生基因的影响。

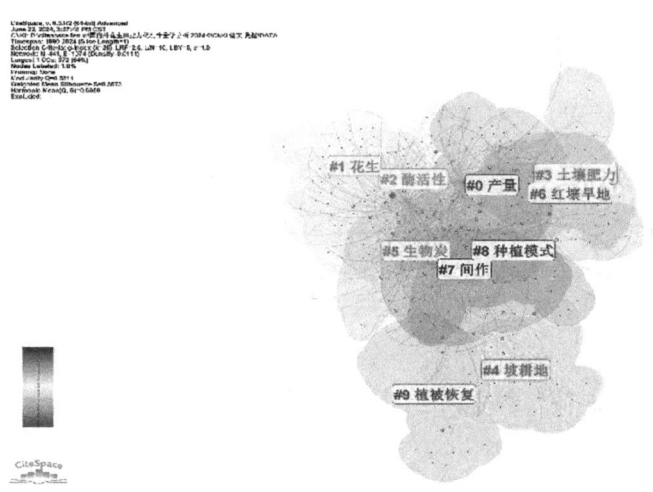

图 2-5　花生田肥力中文文献数据的关键词共现网络聚类图

3. 热点演化分析

时线视图是将每一个聚类类别的文献按时间顺序从左到右依次排列出来，直观反映了各个研究热点随时间的演变情况。图 2-7 和图 2-8 是花生田肥力论文样本关键词时线视图可展现各聚类发展演变的时间跨度和研究进度。共现网络聚类结果的时线视图，以

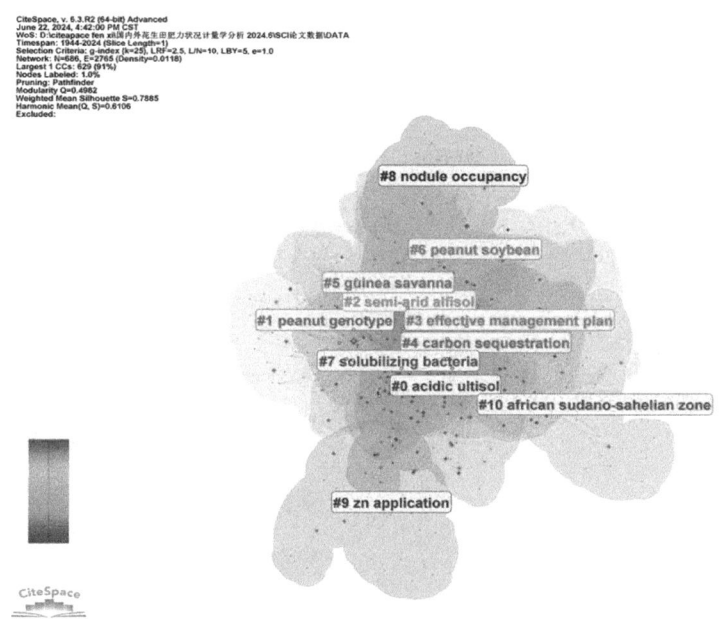

图 2-6　花生田肥力 SCI 文献数据的关键词共现网络聚类图

引文发表年份为 X 轴、聚类编号为 Y 轴（李泽琪等，2022），在每个聚类中，可以清楚地获得文献的情况，在该聚类中，文献的数量越多，表明所获得的聚类领域就越重要（全林发等，2018）。在图中，每个标志的节点年轮颜色及厚度代表了词节点的出现时间，而节点的尺寸则代表了出现的次数，具有边框的节点是引起许多学者关注并进行研究的关键转折点。如图 2-7 所示，在 CNKI 数据库中，从 1993 年开始，就出现了较早的关于花生田肥力的研究文献，由图可以看出，从#0 到#1 聚类的数据数量都是相对较多的，这说明了这些聚类领域的重要性，并且时间跨度都很大。关键词花生（0.59，#1）、产量（0.19，#0）、土壤肥力（0.23，#3）、土壤养分（0.33）等词用方框标注，其中介中心性>0.1，这些词往往为连接不同领域的关键枢纽。

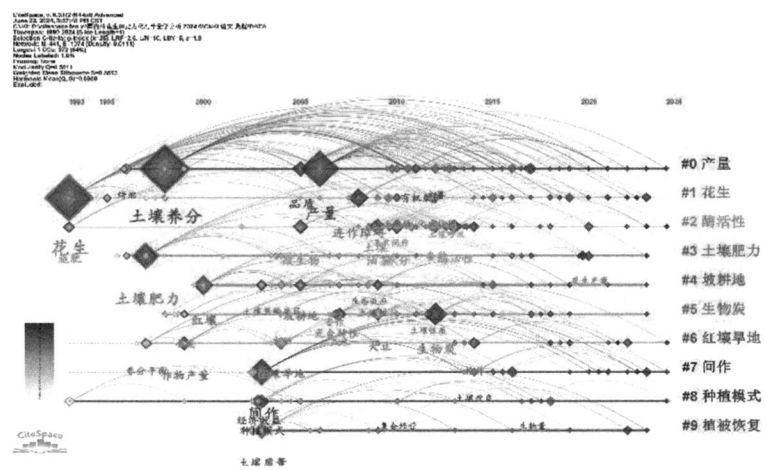

图 2-7　花生田肥力中文文献数据的时线视图

如图 2-8 所示,在 SCI 数据库中,聚类#0~#3 中文献都较多,显示了这些聚类领域很重要,且时间跨度较大。关键词 growth (0.12) 等词的外周用边框标注,其中介中心性>0.1,同样为连接

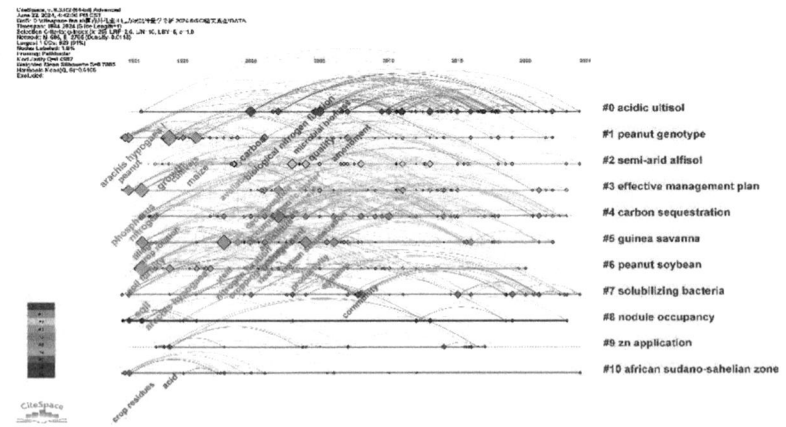

图 2-8　花生田肥力 SCI 文献数据的时线视图

不同领域的关键枢纽。可以说，这几组标识词基本概括了国内外花生田肥力的主要研究方向及达到的效果，也代表了研究热点的发展情况和结构变化情况。

4. 突现词与趋势分析

为验证花生田肥力研究热点的识别结果，分析研究趋势，提取近30年花生田肥力研究领域的突现词进行分析。表2-6中显示了中文文献中前23个突现词。1993—2009年，学者们关注连作、花生、红壤旱地、土壤等，花生田土壤肥力受到了学者们的关注。这一时期主要研究三峡库区、红壤旱地这些特殊土壤种植花生及土壤肥力情况。2011—2017年，这一阶段学者们把研究目光转向到根际微生物领域，主要关注作物产量、根际微生物等相关特性。2018—2022年，学者们主要关注花生的种植模式，这段时期学者们意识到连作种植模式存在障碍，因此考虑到采用间作、轮作种植模式，或者以传统无机肥更换生物炭、有机肥等，从而提升作物产量。除此之外，花生连作障碍、有机肥、生物炭等自出现至今仍为热门的关键词，是花生田肥力领域的前沿热点，说明我国目前提倡施用绿色高效肥料，并且花生种植目前仍存在连作障碍。表2-7中显示外文文献前16个突现词，早期学者们关注management、system等，表明国外学者早在2005年左右就已经研究更改种植管理模式提升土壤肥力，解决花生田土壤肥力低下这一问题。此外，国内外花生田肥力领域都研究微生物相关课题，并且国内（2011年）开展相关课题时间较国外（2020年）要早，但突现时间都较短。近年国外学者普遍关注matter、soil organic carbon、stress等，表明当下国外研究热点主要集中在花生田肥力较为细致的方面，比如施用材料、土壤有机碳以及压力等方面。

表 2-6 花生田肥力中文文献数据的突现词

突现词	年份	强度	开始年份	结束年份	突现时间段 1990—2024 年
连作	1993	2.37	1993	2005	
花生	1993	2.03	1993	2002	
土壤肥力	1997	2.64	2001	2004	
三峡库区	2004	2.15	2004	2010	
红壤旱地	2004	1.95	2004	2014	
土壤	2009	2.04	2009	2012	
生态效应	2009	1.89	2009	2010	
油茶	2009	3.51	2011	2017	
微生物	2005	2.05	2011	2013	
根际	2012	1.96	2012	2015	
木薯	2012	1.96	2012	2015	
红壤	2000	2.17	2013	2015	
产量	2006	1.94	2016	2018	
生理特性	2017	2.14	2017	2019	

(续表)

突现词	年份	强度	开始年份	结束年份	突现时间段 1990—2024 年
种植模式	2003	2.78	2018	2021	
作物产量	1999	2.23	2018	2022	
连作障碍	2008	2.88	2019	2024	
化感作用	2012	1.84	2019	2020	
间作	2003	2.48	2020	2021	
有机肥	2011	2.17	2021	2024	
轮作	2014	2.03	2021	2022	
生物炭	2012	3.85	2022	2024	
花生连作	2017	2.04	2022	2024	

表 2-7 花生田肥力 SCI 文献数据的突现词

突现词	年份	强度	开始年份	结束年份	突现时间段 1990—2024 年
phosphorus	1991	4.04	2003	2007	
management	2002	8.29	2005	2009	
systems	2006	5.74	2006	2010	

（续表）

突现词	年份	强度	开始年份	结束年份	突现时间段 1990—2024 年
fertility	1997	4.52	2010	2017	
charcoal	2011	7.74	2011	2016	
use efficiency	2010	5.47	2015	2019	
manure	2010	5.2	2015	2020	
responses	2016	5.1	2016	2022	
impact	2011	4.37	2016	2021	
cowpea	2000	4.23	2016	2019	
plant	2017	4.04	2017	2021	
N_2 fixation	2000	4.05	2018	2020	
microbial community	2013	5.38	2020	2022	
matter	2021	6.5	2021	2024	
soil organic carbon	2021	4.18	2021	2024	
stress	2022	6.54	2022	2024	

综上所述，从各突现词出现的时间段来看，基本符合花生田肥力研究热点的演化趋势，验证了上文中对国内外花生田肥力研究的分析结果。另外，国内外花生田肥力研究起点不同，国内早期研究先从特殊土壤肥力开始，进而研究作物产量、根际微生物等较为细致的方面，最后研究花生的种植模式。而国外早期的研究便聚焦于花生的种植模式，并随后不断拓宽研究领域。然而，无论是国内还是国外，花生田肥力低下仍是亟待解决的问题，这就需要学者们在花生田肥力这一领域不断探索，找出解决方法提高土壤养分肥力，进而提高花生产量以及品质。

上述分析以 CNKI 和 SCI 数据库为基础，对花生田肥力研究论文展开了检索，并以文献计量学观点及 CiteSpaceVI 分析为基础，对花生田肥力研究论文的时间分布、研究机构及国家分布、期刊分布、研究学科领域分布、研究内容及热点、突现词与趋势分析等方面进行了全面的计量比较分析。结果显示，近年来国内外花生田肥力研究发文量随着年份的增长都呈波动上升趋势，而且研究的领域也在不断地向更深更广的方向发展，这说明学术界对花生田肥力议题的关注度正在日益提高。CNKI 数据库和 SCI 数据库中有关花生田肥力的研究成果多见于农林学类专业学术期刊。CNKI 数据库中发文机构以国内的农业和学术力量较强的省份为重点；SCI 数据库中有关花生田肥力的研究成果，中国学者和科研机构在国外的发文量及被引频次位居第二，在一定程度上彰显了中国在该领域研究的领先优势。花生田肥力研究文献属于农业、工程、医学、管理、法律等多个一级学科，一级学科及二级学科领域的分布体现了花生田肥力研究的内涵外延。国内花生田肥力的研究主要以"花生""土壤养分""产量"等为研究的热点及重点。国际花生田肥力的研究关注热点是 soil、growth、yield 等。总体而言，花生田肥力研究的内容较为丰富，主要集中在土壤养分、土壤肥力、花生产量及品质等方面。突现词与趋势分析表明国内早期研究先从特殊土壤肥力状况开始，进而研究作物产量、根际微生物等较为细致的方面，最后研究花生的种植模式。而国外早期的研究便聚焦于花生的种植模式，并随后不断拓宽研究领域。本章通过运用文献计量学方法，对花生田肥力状况的发展趋势进行了综述，并指出目前该领域发展的重点和难点，这为进一步进行花生田肥力的研究奠定了良好的基础。

　　由上述数据可以看出，虽然国内外针对花生田肥力低下这一问题提出了许多措施，但仍存在一些缺点，比如技术成本高、技术方案在大田试验中难适用。所以，如何设计出绿色高效、低成本、适合在大田试验的技术方案仍将是个难题，同时在土壤肥力领域也是一个热点问题。对于花生田肥力的研究，应该在已有的研究基础上继续拓展，力求有效解决土壤肥力低下这一问题，从而使花生的产量和品质有所提高。

第三章 土壤地力障碍因素对花生-土壤系统的影响

一、土壤养分含量对花生生长及代谢的影响

土壤中的氮、磷、碳等养分是植物生长发育所必需的元素，它们对植物的根系发育、光合作用、产量和品质等方面具有重要影响。充足的氮、磷、碳元素有利于花生的生长，促进植株的养分吸收和光合作用，提高花生产量和品质。然而，养分过量或缺乏都会对花生生长造成不利影响，导致生长迟缓、产量下降等问题。因此，科学施肥和合理管理土壤养分是提高花生产量和质量的关键。

1. 氮素对土壤养分及植株发育的影响

氮是植物蛋白质、核酸、叶绿素等生命活动必需物质的重要组成成分。在花生生长发育过程中，氮素对花生叶片的生长有显著的促进作用，可以提高叶片的叶绿素含量，增强光合作用，提高花生的光合能力，植物通过根系吸收土壤中的硝态氮（NO_3^-）和铵态氮（NH_4^+）（杨丽玉等，2021）。充足的氮有助于促进根系的生长和发育，增加根系的吸收面积。土壤短期缺氮，为从土壤中获得更多的氮素，花生根系会伸长，表面积和体积均增加（Yang et al.，2022）；但土壤若长期缺氮，根系生长受限，花生的养分吸收和水分吸收能力均受到抑制。此外，氮素对花生生殖器官的发育也有重要影响，可以提高花芽分化质量，增加开花数和结荚数，从而提高花生的产量。氮素不足会导致花生生长迟缓，叶片叶绿素含量降低，叶片黄化，光合作用减弱，生物量降低（图3-1），最终导致

产量降低。而氮素过量则会导致花生徒长,开花结荚减少,产量也会受到影响。

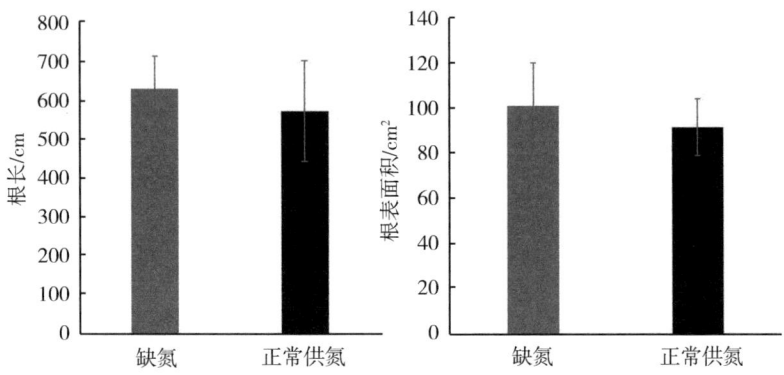

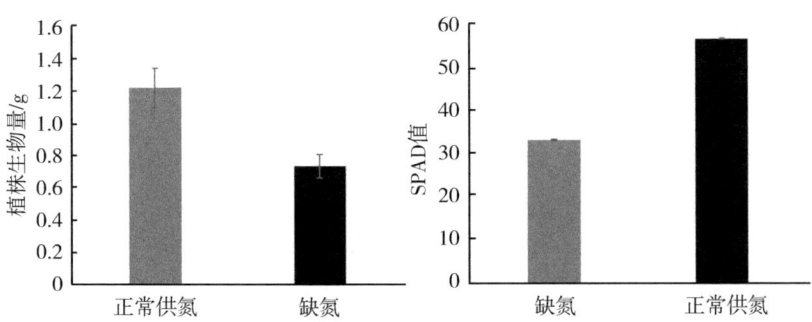

图3-1 氮素对花生生长发育的影响(Yang et al.,2022)

根系是作物获取水分和养分最直接的器官,良好的根系是作物生长的基础,对豆科作物而言,根瘤菌侵染根部形成根瘤,成熟根瘤通过将大气中游离态氮转化为作物可吸收的含氮化合物供植株生长发育利用,因此根瘤是豆科根系充分生长发育的重要组成部分。而氮素是影响花生根瘤生长的重要因素之一。盆栽试验表明,土壤缺氮条件下,花生根瘤数较施氮处理显著增加(图3-2),这表明高氮会抑制花生根系结瘤，低氮或缺氮下花生生物固氮能力增强。

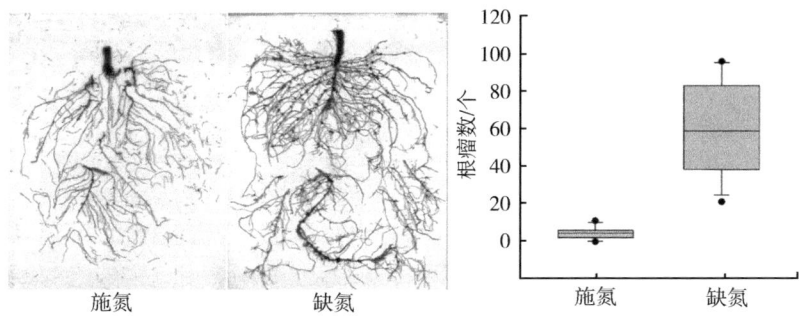

图3-2　氮素对花生根瘤生长的影响（Yang et al., 2022）

在植物的生理代谢过程中，氮素不仅是构成蛋白质、核酸和叶绿素等生命活性物质的必需成分，而且对于维持植物的根系生长和功能具有至关重要的作用。当土壤中氮素供应不足时，花生植株会表现出明显的生长迟缓，其根系的新陈代谢活动也会受到显著影响。Yang等（2022）通过分析在不同环境氮量条件下生长的花生根系中的差异代谢物发现，氮素主要影响参与次级代谢物和氨基酸合成、精氨酸和脯氨酸代谢、TCA循环等相关的代谢通路（表3-1）。

表3-1　不同环境氮量条件下差异代谢物数量前30涉及的代谢通路

功能分类	通路ID	通路描述	差异代谢物数目
代谢途径	map01100	代谢途径	38
代谢途径	map01110	次级代谢产物的生物合成	27
代谢途径	map01230	氨基酸的生物合成	9
氨基酸代谢	map00330	精氨酸和脯氨酸代谢	4
其他氨基酸的代谢	map00410	β-丙氨酸代谢	4
膜运输	map02010	ABC转运蛋白	4
氨基酸代谢	map00340	组氨酸代谢	3

(续表)

功能分类	通路 ID	通路描述	差异代谢物数目
辅因子和维生素的代谢	map00770	泛酸和辅酶 A 生物合成	3
翻译	map00970	氨酰 tRNA 生物合成	3
代谢途径	map01210	2-氧羰基酸代谢	3
碳水化合物代谢	map00040	戊糖和葡萄糖醛酸的相互转化	2
辅因子和维生素的代谢	map00130	泛醌和其他萜类醌生物合成	2
氨基酸代谢	map00220	精氨酸生物合成	2
核苷酸代谢	map00240	嘧啶代谢	2
氨基酸代谢	map00250	丙氨酸、天冬氨酸和谷氨酸代谢	2
氨基酸代谢	map00260	甘氨酸、丝氨酸和苏氨酸代谢	2
氨基酸代谢	map00300	赖氨酸生物合成	2
氨基酸代谢	map00310	赖氨酸降解	2
氨基酸代谢	map00380	色氨酸代谢	2
脂质代谢	map00564	甘油磷脂代谢	2

在氮素缺乏的条件下，花生根系中的酶活性也会受到影响。例如，硝酸还原酶活性降低，这会影响花生对氮的利用效率，使花生无法通过常规的氮代谢途径来满足其生长需求。此外，氮素缺乏还会导致花生根系中抗氧化酶系统活性的变化，使植物根系更容易受到氧化胁迫的伤害（图 3-3）。

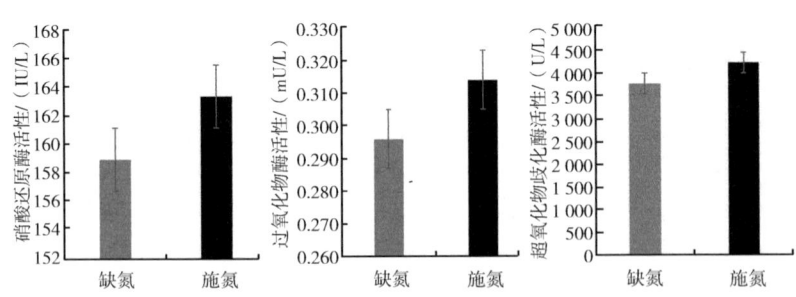

图 3-3　氮素对花生根系酶活性的影响

2. 磷素对土壤养分及植株发育的影响

磷是植物生长发育所必需的重要元素之一，在花生生长发育中扮演着不可或缺的角色，对花生的产量和品质具有重要作用。磷是花生体内许多重要化合物的组成部分，如核酸、磷脂和 ATP 等。这些化合物在花生生长发育中起着关键作用。磷还参与花生体内的能量转换和物质代谢过程，对花生的生长和发育具有重要影响。磷能促进花生根系的生长和发育，提高根系对水分和养分的吸收能力，为花生的生长发育提供充足的营养支持，低磷条件下，植株生长发育受到抑制，主茎高和主茎叶数显著低于正常施磷肥的花生植株（图 3-4），同时花生根系发育出现障碍，总根长、总根表面积、总根体积和根尖数量都明显降低（图 3-5）；同时，缺磷导致叶片光合作用下降，净光合效率、蒸腾速率、胞间 CO_2 浓度和气孔导度等都显著下降，光合效率显著降低（图 3-6）。

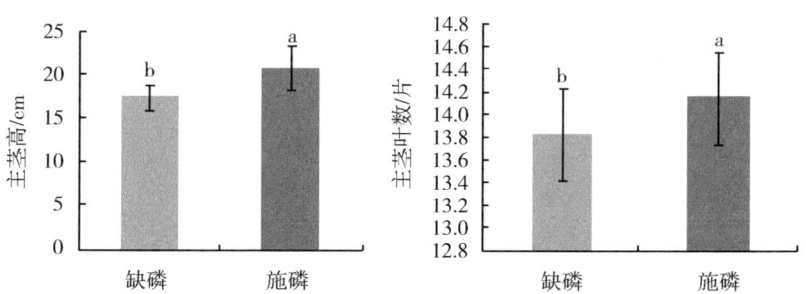

图 3-4　缺磷对花生植株生长的抑制作用

注：不同小写字母表示差异显著（$P<0.05$）。

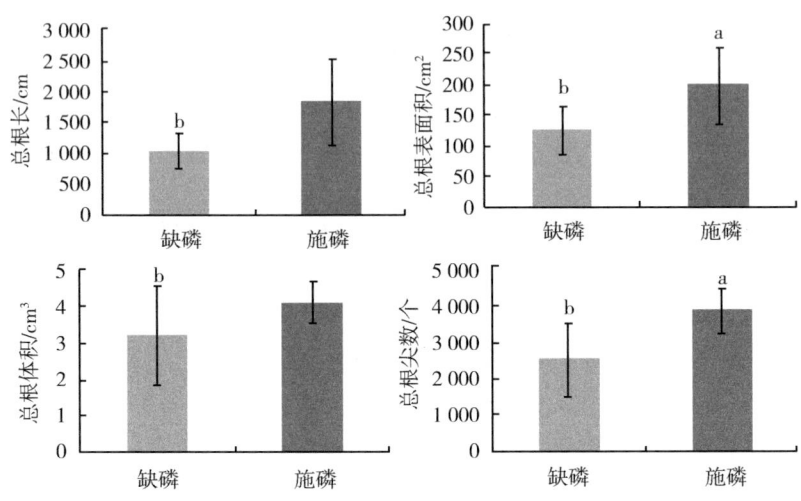

图 3-5　缺磷抑制花生根系生长

注：不同小写字母表示差异显著（$P<0.05$）。

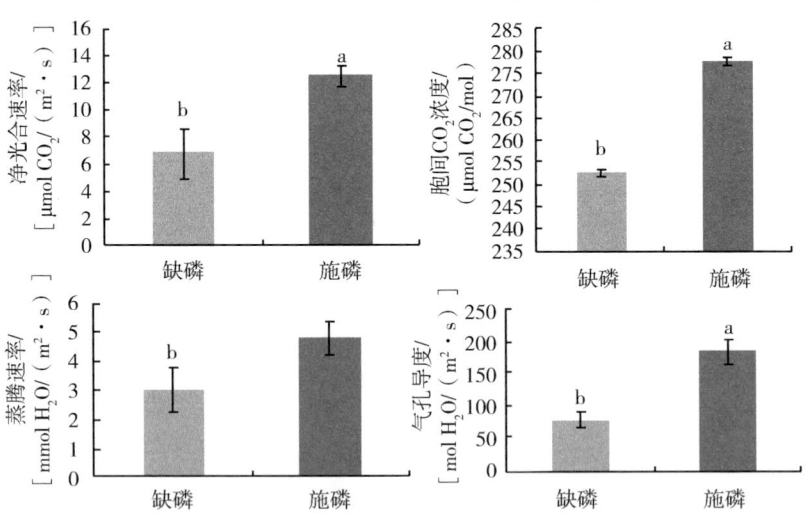

图 3-6　缺磷对光合作用的抑制

注：不同小写字母表示差异显著（$P<0.05$）。

3. 碳素对土壤养分及植株生长的影响

土壤是地球表层最大的碳库之一，在应对全球气候变化方面具有重要作用。土壤碳库主要包括土壤有机碳和无机碳两部分。在自然状态下，土壤无机碳主要以碳酸盐的形式存在，更新周期较长且相对稳定，基本处于平衡的状态。土壤中的有机碳是土壤中更为活跃的部分。一般条件下，土壤中的有机碳往往来源于动植物和微生物的残体、根系分泌物、土壤母质，以及降水和径流等外源输入有机碳这4个途径。据其稳定性分，土壤有机碳又分为不稳定有机碳和稳定性有机碳，不稳定有机碳是一种有效碳，在调节土壤养分流向方面有重要作用。有机碳的分解与气候因子密切相关，特别是对温度、降水的敏感性较高。因此，土壤碳的动态平衡受到气候变化和人类活动等多重因素的影响。花生是一种对土壤要求较高的作物，喜欢生长在疏松、肥沃、排水良好的土壤中。适宜的土壤pH值为6.0~7.5，而土壤中的养分供应也是花生生长的重要因素，特别是氮、磷、钾等元素。然而，除了这些常见的营养元素外，土壤碳也对花生的生长起到了至关重要的作用。

研究表明，土壤碳的含量直接影响着土壤的保肥能力和微生物种群的数量。当土壤碳含量不足时，会导致土壤保水保肥效果变差，根系生长的营养不足。此外，土壤缺碳还会导致微生物种群稀少，影响根系的生长和养分的吸收。土壤碳的含量直接关系到花生的根系发育和养分吸收能力。在实际生产中，可以通过施用石灰、生物炭、小分子有机碳等措施来提高土壤碳的含量和质量，为花生的健康生长提供有力的保障。通过外源调控土壤碳氮比试验发现，单施氮肥处理的花生根系结瘤数少，根系活力较弱，根系中可溶性糖和蔗糖含量均较低，而碳氮比为5的处理能显著增强根系结瘤数，根系可溶性糖和蔗糖含量分别增加了20.8%和4.2%（图3-7）。此外，碳源添加对植株氮吸收也有促进作用，相较对照处理，单独施氮处理的花生茎叶氮含量和氮积累量均高于碳添加处理（图3-8），这表明碳源添加能显著降低茎叶氮积累量,促进氮素向荚果的运输。

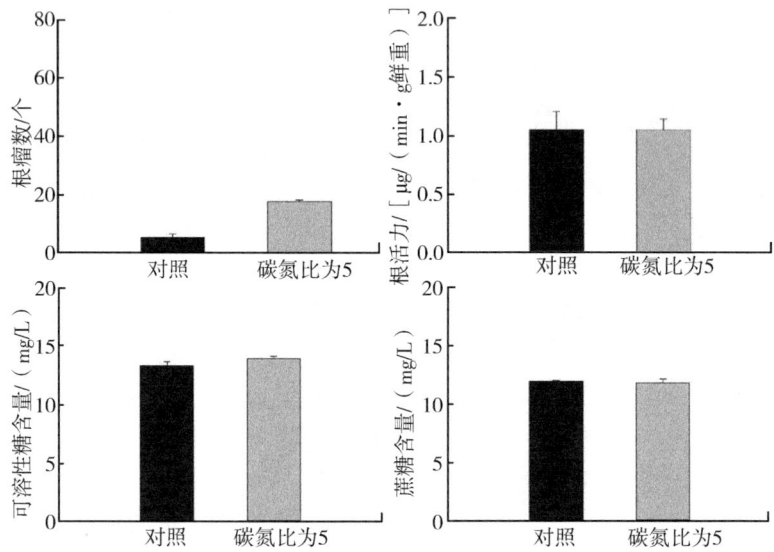

图 3-7　碳添加对花生根系性状及生理的影响（Liang et al., 2023）

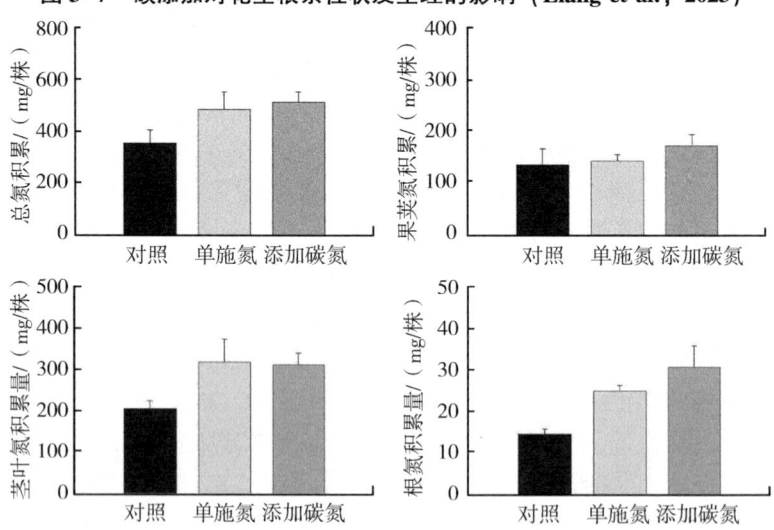

图 3-8　碳源添加对植株氮积累的影响（Liang et al., 2023）

二、土壤物理性状对花生植株及土壤的影响

现代化农作区土地长期处于高负荷的生产状态。尤其是近年来由于对土地的过度开发利用，农业机械化水平提高和农田的粗放管理，土壤有机质含量大幅度减少，土壤板结、容重增大的现象日益突出。花生通过根系从土壤中吸收养分及水分，其生长发育状况对土壤有很强的依赖性。良好的花生植株生长状态不但需要土壤供给充足的养分，而且需要土壤具有适宜的水分、气体、温度等相互协调的有机和无机环境条件。土壤的物理性质如紧实度、团聚体结构等对花生的生长有重要影响。紧实的土壤会限制花生根系的伸展和养分吸收，影响植株的生长发育。而良好的土壤团聚体结构有利于根系生长和通气，促进花生的根系发育和养分吸收。因此，改善土壤物理性质、减轻土壤紧实度对花生生长至关重要。

1. 土壤紧实度对花生根系生长的影响

根系生长于地下，对土壤环境有着极高的依赖性。其健康生长不仅要求土壤提供充足的养分，还需土壤内水分、气体、温度等有机与无机条件相互协调。土壤环境的任何变动，均会直接作用于植物根系的发育生长，进而影响地上部分植株的生长状态，以及植株生物量和有机质的积累。在当前淡水资源和耕地紧缺的背景下，现代化农作区土地长期承受高负荷的生产压力。特别是近年来，随着对土地资源的过度开发、农业机械化程度的提升以及农田粗放管理的加剧，土壤有机质含量显著下降，土壤板结、容重增大的问题愈发凸显，土壤质量及整体环境面临严峻挑战。

土壤的物理环境并非静态，而是处于持续变化中。土壤板结、紧实度的增加，均会对植物造成紧实胁迫。植物的生长发育与其生长环境息息相关，土壤紧实度的变化对植物的整体生长状况及产量产生显著影响。当土壤处在紧实条件下，土壤中的水分、氧气、温度及营养物质的平衡状态会被打破，这些变化直接影响植物根系的

生长，进而影响植物对水分和矿质元素的吸收与利用。研究发现，大豆、油菜等植物在土壤密实度增加时，生长会受到明显抑制，根系活力降低，主根粗大，侧根发育不良，对营养物质的吸收能力减弱。除了根系以外，植株地上部分的茎叶和侧枝的生长状态同样受到地下根系的影响。研究发现，当地下根系由于土壤紧实导致生长受阻时，地上部分由于无法获得充足的养分和水分供应，光合作用效率下降，生物量和有机物质的积累减少。此外，为应对压实胁迫，根系会分泌乙烯、脱落酸等激素，使植物地上部分的生长发育受阻。

紧实试验结果表明，土壤紧实度对花生植株根系长度的影响较为明显（图3-9）。总根长受土壤紧实度的影响较为显著，土壤非紧实条件下生长的花生植株总根长度要比土壤紧实条件下生长的花

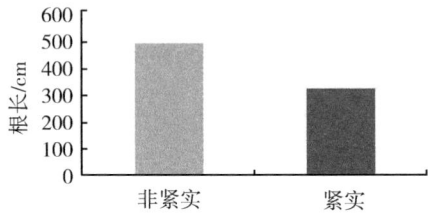

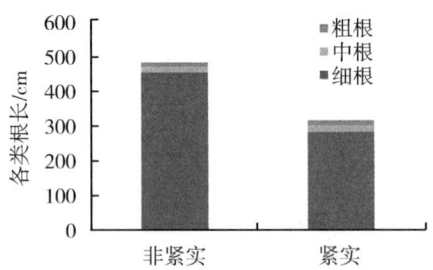

图 3-9　土壤性质对花生根长的影响

生植株的总根长度长大约 168 cm。土壤非紧实条件下的花生根系拥有更长的细根（根直径≤1 mm），比土壤紧实条件下的花生根系中的细根长大约 172 cm。而中根（1 mm<根直径≤2 mm）和粗根（根直径>2 mm）的情况却恰恰相反，生长在非紧实土壤中的花生植株比生长在紧实土壤中的花生植株拥有更短的中根和粗根。土壤紧实胁迫下，花生<1 mm 根系总表面积明显降低，而>2 mm 的根表面积变大，主根变粗（表 3-2）。可见，土壤紧实度对花生植株根系的长度有较大影响。

表 3-2　不同土壤紧实度下的根表面积　　　　　单位：cm^2

紧实度	根直径（r）		
	≤1 mm	1 mm<r≤2 mm	>2 mm
非紧实	47.510 0	7.659 9	13.433 0
紧实	28.369 8	8.941 4	15.814 6

2. 土壤紧实对花生生长的影响

在土壤紧实胁迫下，油料种子的营养发育不良，使产品质量显著下降，产量和经济效益受到影响。不同作物对土壤压实的敏感性不同，花生对土壤压实的敏感性更大。花针向下的生长过程和果实在土壤中的发育很难在紧实度较高的土壤中完成，从而导致果实数量减少、有机物积累减少，难以保证花生的产量和品质。土壤紧实是油料作物尤其是花生栽培和生长的主要障碍之一（杨丽玉等，2023）。在花生整个发育过程中，土壤紧实度过大或过小均不利于花生植株的生长及果实数量和饱满度的增加，最终影响荚粒和籽粒产量的增加。适宜的容重有利于果实数量和饱满度的增加，有利于荚果和籽粒产量的增加。室内盆栽试验发现，非紧实土壤条件下花生植株（左）明显要比紧实土壤条件下培养的植株（右）长势更为旺盛，叶片更为舒展且叶面积更大，主茎和侧枝都更长；紧实土壤条件下的植株矮小，叶片发黄，生命力较差，后期花生果实的发育和产量都受到直接影响（图 3-10）。紧实土壤明显降低了花生主茎高，叶片叶绿素含量相对值也较低（图 3-11），这些结果表明，土壤紧实状况对花生根系和植株生长均产生影响，适宜的土壤容重是植株生长良好的基础。

图 3-10　土壤非紧实和紧实条件下花生植株生长状况

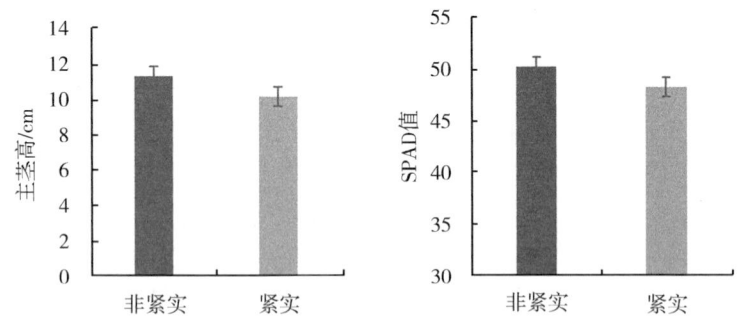

图 3-11　土壤紧实胁迫对花生株高及 SPAD 值的影响

土壤团聚体是土壤结构的基本单位,也是土壤的重要组成部分。它们在植物生长发育过程中发挥着至关重要的作用。土壤团聚体通过增加土壤的孔隙度和通气性,促进土壤中氧气和水分的流通。这种流通性有利于花生根系的生长和发育,因为根系需要充足的氧气来进行呼吸作用,同时也需要水分来支持植物的生长。良好的土壤团聚体结构使土壤既保水又透气,为花生植株提供了理想的生长环境。土壤团聚体在提高土壤的保水性和保肥性方面发挥着关键作用。由于团聚体内部的多孔结构,它们能够有效地保持水分和养分,减少水分和养分的流失。通过保持水分和养分,土壤团聚体有助于花生在不同环境条件下的稳定生长。此外,土壤团聚体还能提高土壤的抗侵蚀性和抗压性。它们能够有效地减少土壤的流失和压实,保护土壤的结构和肥力。这对于防止水土流失、保持土壤肥力和提高土壤生物活性具有重要意义。健康的土壤团聚体有助于维持土壤生态平衡,为花生提供稳定的生长环境。

土壤团聚体受到多种因素影响,其中土壤紧实度对土壤团聚体影响显著,齐山田间试验结果表明,紧实处理下土壤团聚体大于 2 000 μm 和 250~2 000 μm 的占比最大,而通过耕作处理的土壤紧实度降低,土壤大颗粒占比降低,中小团聚体数量增加。研究还发现,土壤团聚体结构和土壤养分含量占比具有一致性,以土壤磷含量为例,磷盈余与 >2 000 μm 团聚体占比显著正相关,与 53~250 μm 团聚体显著负相关。土壤紧实下,盈余磷较多,盈余的磷主要分布在 >2 000 μm 团聚体;而正常耕作下,盈余磷较少,盈余的磷主要分布在 53~250 μm 团聚体(图 3-12)。这表明土壤物理结构与土壤养分密切相关,土壤物理结构会影响土壤养分分布,进而影响植株生长发育。

三、土壤污染对花生根系生长及代谢的影响

近年来,地膜覆盖栽培技术在我国农业生产中广泛应用,在带

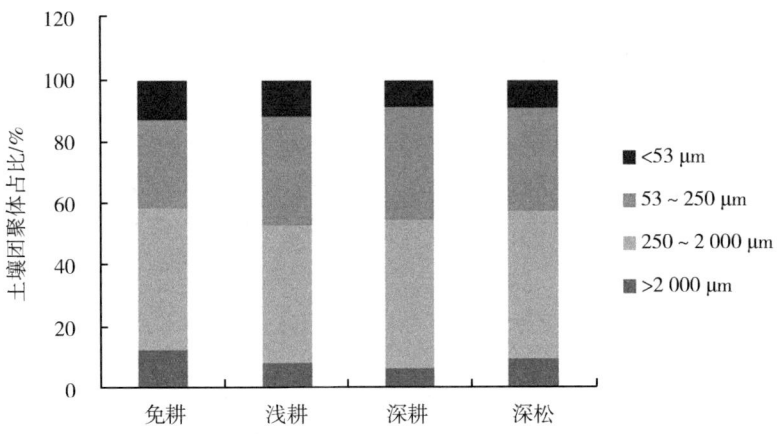

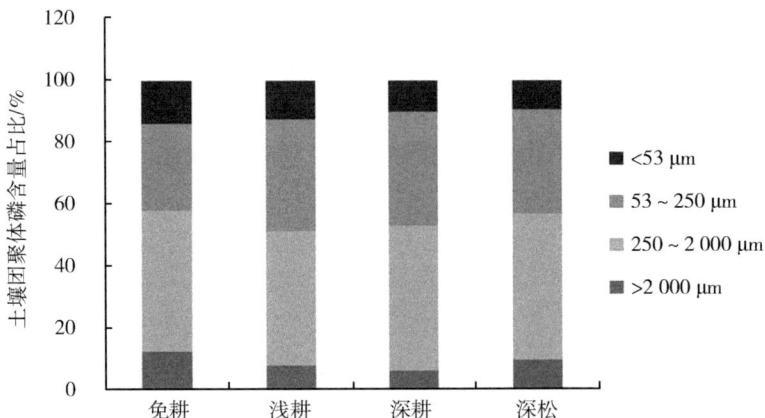

图 3-12 土壤团聚体及团聚体磷含量分布情况（孟翠萍等，2023）

来产量提升的同时也对土壤环境造成了一定的危害。目前在农业生产实践中存在地膜用量大、回收率低、难降解等一系列问题。调查显示，我国覆膜农田土壤累积残膜量高达118.5万t（白润昊等，

2023)。残留地膜受机械力、光照、高温等环境作用及土壤生物作用不断碎裂。随着地膜覆盖的持续使用，地膜中的塑化剂以及地膜残留及破碎形成的微塑料在土壤中逐年持续累积，给农田生态环境带来了潜在的风险。

植物作为土壤生态系统的重要组成部分，生长发育不可避免地受到土壤污染物质的干扰（如塑化剂、微塑料）。已有的研究表明，我国农业土壤中塑化剂（如邻苯二甲酸酯类）普遍存在，其能够通过植物根系吸收进入植物体，然后通过多种机制对植物体生长造成影响。此外，塑化剂也可能在蔬菜、作物籽粒中积累，从而通过食品进入人体，长期大量摄入会产生危害。花生生长和果实结实过程整个在地下进行，土壤环境对花生生长发育过程影响显著。研究发现，土壤中的塑化剂 DBP（邻苯二甲酸丁酯）和 DEHP（邻苯二甲酸己酯）能够进入花生植株，且花生植株不同器官的含量水平不同。DBP 含量水平由高到低为根>果荚>茎>叶>籽粒，DEHP 含量水平由高到低为根>茎>果荚>叶>籽粒（王建超等，2016）。土壤中邻苯二甲酸酯的存在显著降低了花生生物量和籽粒产量。花生籽粒对 DBP 和 DEHP 的富集量占植株富集总量的比例最高（饶潇潇等，2017）。

随着我国花生栽培对地膜覆盖技术依赖程度的不断增加，花生田土壤地膜源微塑料污染受到越来越广泛的社会关注。花生根系和荚果发育均在土壤中进行，微塑料主要通过两种途径进入到花生植株内：一是微塑料通过花生根系吸收进入植株体内，二是微塑料能够通过花生荚果直接进入到植株体内。不同来源途径的微塑料对植物不同组织生长发育影响存在显著差异。研究发现，土壤中微塑料的存在造成花生地上和地下部分生物量显著降低、叶绿素含量降低、光合作用下降、植株氮含量下降（图 3-13）（Yang et al.，2024a）。

根系是花生植株与土壤的直接接触器官，研究发现，土壤中微塑料的存在对花生根系产生明显危害。微塑料处理下，花生根

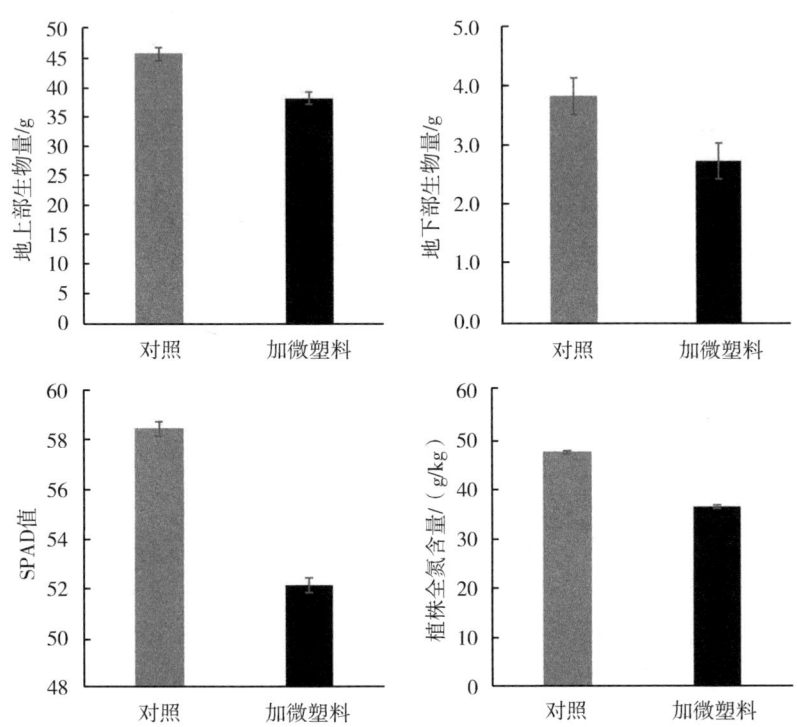

图 3-13 微塑料对花生植株生长的影响（Yang et al., 2024a）

系表面发黑，与对照相比，微塑料处理明显增加了花生根系中 H_2O_2 和 O_2^- 的积累，诱导花生根部活性氧激增。石蜡切片显示微塑料处理下木质部导管减少，根长、根体积和根表面积显著降低（图 3-14）。

进一步分析发现，土壤中微塑料的存在引起花生根部基因表达发生显著变化（图 3-15），其中，显著下调表达的基因主要与氧化应激、纤维素合成、氮代谢等代谢途径相关，说明土壤中微塑料的存在引起花生根部产生氧化应激反应，由氧化应

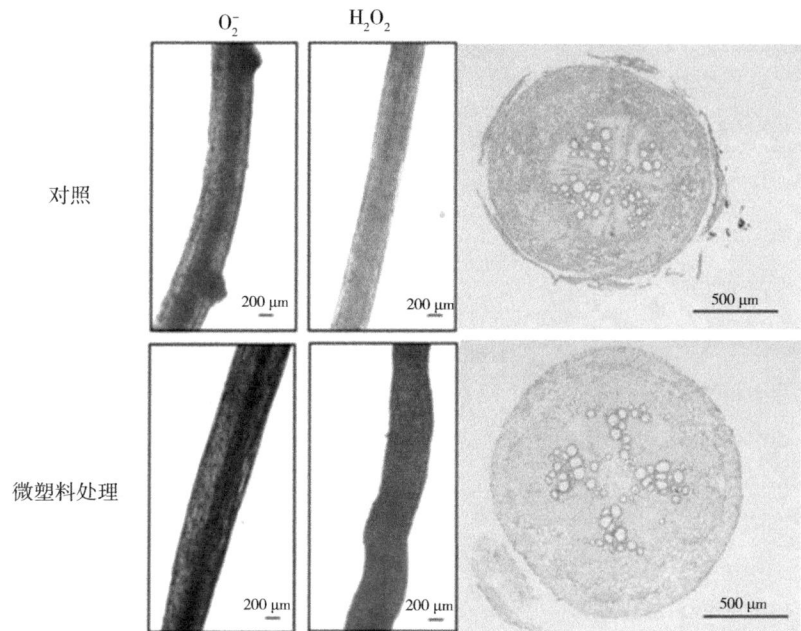

图 3-14 微塑料对花生根系生理代谢及结构的影响(Yang et al., 2024a)

激反应导致根部细胞膜系统氧化损伤甚至细胞死亡,与此同时,纤维素合成的减少,使根部导管形成受阻,根系发育及养分吸收能力下降,进而对花生的生长发育产生负面影响(表3-3、图3-15)。

表 3-3 微塑料存在导致花生根系显著下调基因富集的 GO 通路

富集条目号	富集条目	富集因子	富集程度	基因数目
GO:0009408	对热的响应	9.14	2.59137×10^{-11}	20
GO:0010035	对无机物的响应	5.42	2.59137×10^{-11}	30

(续表)

富集条目号	富集条目	富集因子	富集程度	基因数目
GO：0009266	对温度刺激的响应	6.46	$1.38416×10^{-10}$	24
GO：0009636	对有毒物质的响应	6.06	$2.4959×10^{-7}$	18
GO：0000302	对活性氧的响应	11.58	$3.60763×10^{-7}$	11
GO：0005886	质膜	2.19	0.001 268 61	37
GO：0098552	膜	8.19	0.021 654 498	5
GO：0009898	质膜的细胞质	11.20	0.021 654 498	4
GO：0101031	伴侣复合体	44.79	0.026 261 018	2
GO：0098562	膜细胞质侧	8.96	0.031 230 465	4
GO：0042644	叶绿体	10.61	0.070 857 681	3
GO：0004349	谷氨酸-5-激酶活性	41.82	0.000 199 644	4
GO：0004350	谷氨酸-5-半醛脱氢酶活性	35.85	0.000 199 644	4
GO：0004591	氧戊二酸脱氢酶（琥珀酰转移）活性	35.85	0.000 199 644	4
GO：0004722	蛋白丝氨酸/苏氨酸磷酸酶活性	4.74	0.000 304 517	13
GO：0016760	纤维素合成酶（UDP-形成）活性	6.89	0.000 350 324	9

花生产量和品质是农业生产关注的重要指标，荚果的正常发育是保障花生产量和品质的重要前提。Yang等（2024b）通过研究发现，土壤中的微塑料能够不通过根源转运直接进入到荚果中，抑制荚果发育（图3-16）。进一步通过荚果代谢通路分析，发现花生蛋白脂肪等代谢途径关键基因表达在微塑料处理下存在显著差异，相关代谢途径受阻（图3-17），导致荚果发育迟缓，产量品质下降。

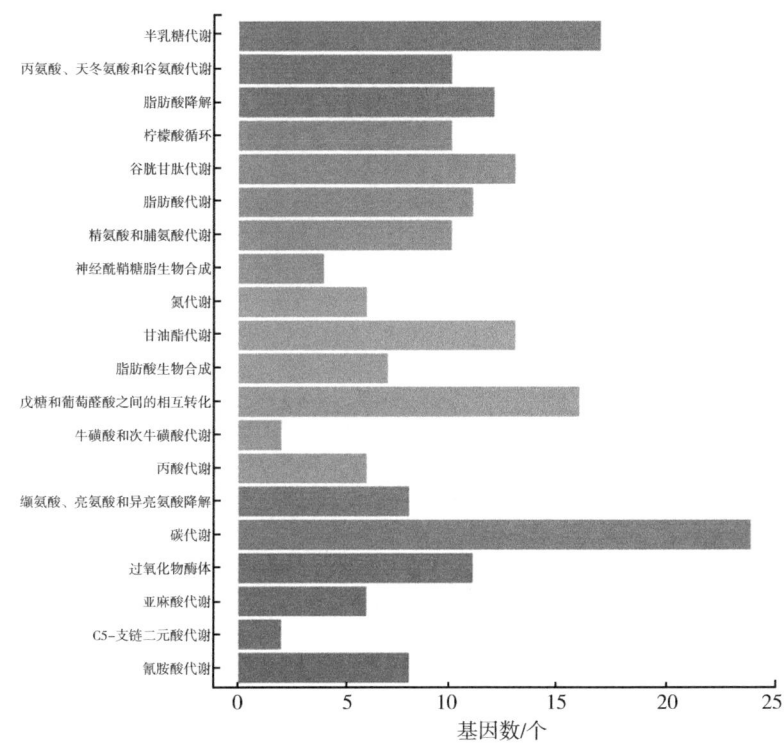

图 3-15 微塑料导致花生根系显著下调基因富集的 KEGG 通路

综上所述,微塑料、塑化剂等化学物质对花生生长产生负面影响。微塑料的存在可能导致土壤中微生物群落的改变,影响花生的生长和发育。塑化剂等化学物质可能对花生植株的生理代谢产生干扰,降低产量和品质。因此,加强土壤污染监测和治理,减少化学物质对花生的影响至关重要。

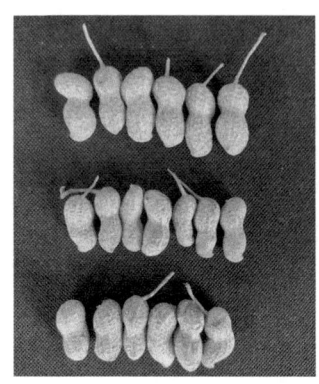

图 3-16　微塑料对花生荚果发育的影响

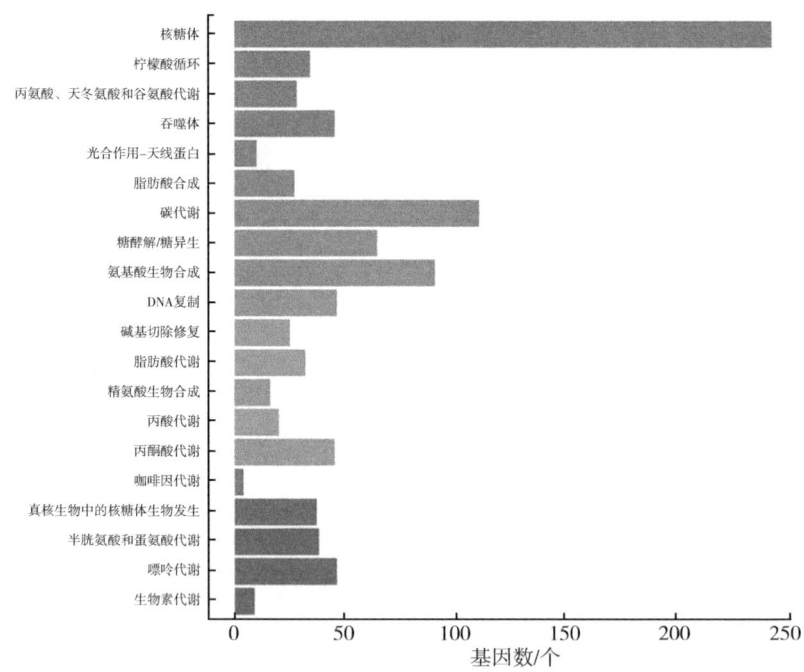

图 3-17　微塑料处理下花生荚果差异表达基因富集的 KEGG 通路

第四章 施肥措施对土壤肥力及花生生长发育的影响

施肥对土壤和作物生长的重要性不容忽视,它直接关系到土壤肥力的维持与提升以及作物产量和品质的提高。施肥能够向土壤提供作物生长所必需的营养元素,如氮、磷、钾等。这些元素是土壤肥力的重要组成部分,改善土壤的物理性质,增加土壤中的微生物数量和活性,促进土壤生物群落的多样性和稳定性,调节土壤的酸碱度,对于维持土壤的健康和生产力至关重要。对作物来说,施肥能够提供作物生长所需的营养元素,促进作物的光合作用、呼吸作用等生理过程,加速作物的生长和发育;提高作物的生理代谢水平,增强作物的生命力和抵抗力,使作物在逆境中能够保持较好的生长状态;促进作物体内营养物质的合成和积累,使作物在产量增加的同时品质也得到提升。综上所述,施肥对土壤和作物生长的重要性体现在多个方面。科学合理的施肥,可以充分发挥肥料的作用,提高土壤肥力和作物产量,促进农业生产的可持续发展。

一、施用氮肥对土壤肥力及花生生长发育的影响

花生生长过程中,营养元素的供应至关重要。其中,氮是花生生长过程中必需的营养元素,对花生的生长、发育和产量形成具有重要影响。因此,明确施氮对花生生长发育的影响,对于优化花生施肥技术、提高花生产量和品质具有重要意义。施氮肥对花生地上部分的生长发育具有显著的促进作用。在适宜的氮肥用量下,花生地上部分含氮量提升,花生植株高度显著增加,茎叶健壮(图4-1)。此外,氮肥的施用能够延长花生叶片的功能期,提高植物氮含量,促进叶绿素的

生成，使叶片肥大且颜色鲜绿，提高植株的光合效能。研究发现，与未施加氮肥相比，施氮对花生主茎高有明显的促进作用，施加氮肥能够使叶片 SPAD 值提升 16.35%（图 4-2），光合性能的提升进一步促进营养物质的积累，进而提高花生的产量和品质。

图 4-1　氮肥对花生生长的影响

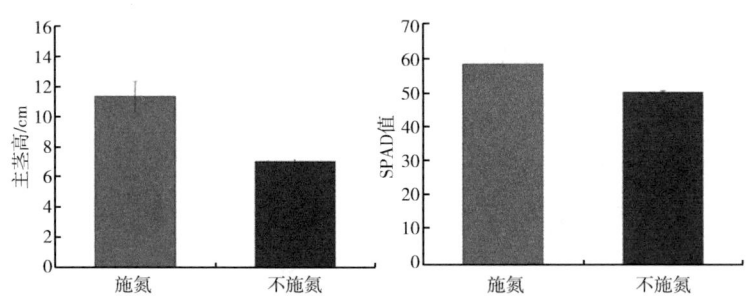

图 4-2　氮肥对花生主茎高和 SPAD 值的影响

对于根系发育而言，施氮能够显著增加花生根系的生物量，包括主根长度、侧根数量以及根系总体积等。这有助于提高花生对水分和养分的吸收效率，增强植株的抗逆能力。然而，过量的氮肥施用可能会对根系发育产生负面影响，导致根系过早衰老，降低花生的产量和品质。因此,花生生产中氮肥应适量施用,缺氮或过量施氮肥均对花生生长发育产生不良影响。氮肥施用试验结果表明,与不施肥处理相比,适量氮肥对花生根系发育有显著影响,适量施肥处理下花生根长缩短、根体积减小,而根系中可溶性糖含量升高,根系固氮酶活性显著增强(图4-3)。这主要是因为适量施氮下花生根系发育良好,生理代谢增强;而缺氮情况下花生根系需要向土壤深处下扎以吸收养分,根长和根体积变大,但生理活性减弱。在叶片光合作用方面,施氮能够显著提高花生叶片的光合速率,增加叶片的叶绿素含量,提高植株的光能利用率。这有助于增加花生的干物质积累,促进植株的生长发育。

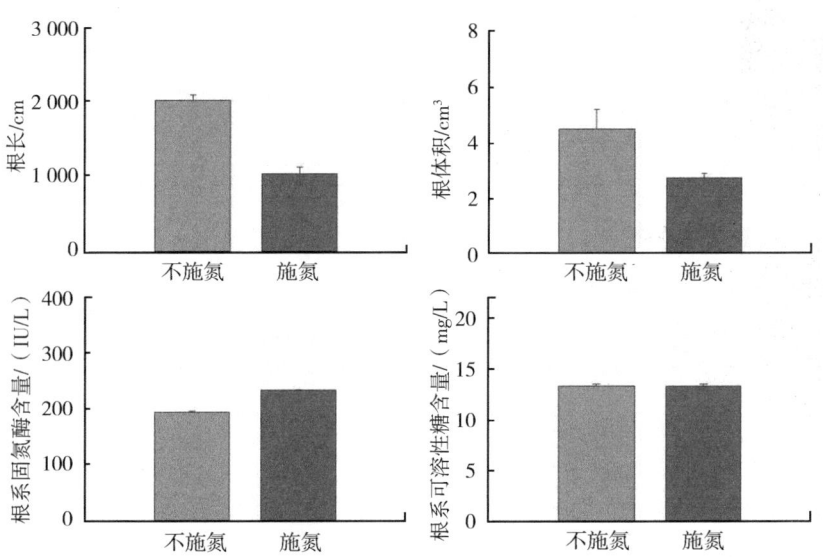

图4-3　施氮对花生根系生长及生理代谢的影响(Liang et al.,2023)

在花生氮素吸收过程中,氮素主要以硝酸根离子形态被吸收。而花生吸收硝酸盐受 NO_3^- 转运蛋白基因的调控,编码低亲和 NO_3^- 转运蛋白的 *NRT1* 基因和编码高亲和 NO_3^- 转运蛋白的 *NRT2* 基因分

别在植物根系吸收 NO_3^--N 转运系统中发挥作用。室内盆栽试验通过对不同施氮水平下花生根系 *NRT* 基因表达进行分析发现,氮转运蛋白家族基因在不同施氮水平调节下的差值是很大的,整体而言,低氮条件下 *NRT1* 的基因表达水平整体高于正常施氮,平均要高出 2~3 倍,多的甚至能高达几百倍(图 4-4)。这是因为当环境

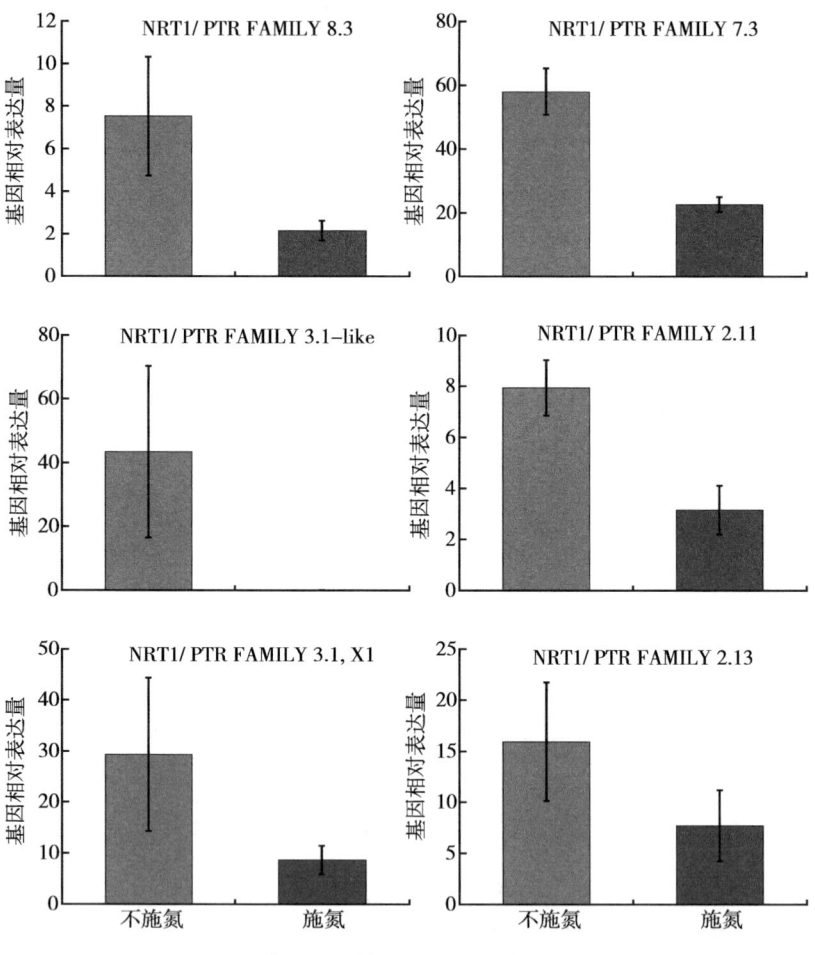

图 4-4 施氮对氮转运蛋白基因表达量的影响

氮量过低时,花生会通过诱导氮转运蛋白表达来促进根系对氮素的吸收利用,以维持自身正常的生长发育需求。

　　施肥对土壤养分含量影响显著。一般情况下,长期不施肥或土壤养分不平衡供应,对作物生长及产量产生明显负效应。因此,适量施用化肥在生产中必不可少,是维持土壤养分及作物高产的关键。氮素作为土壤养分维持的必需元素之一,施氮对土壤养分产生显著影响。研究表明,与不施氮相比,施氮能显著增加土壤速效氮含量,土壤硝态氮含量和硝铵态氮含量总和分别增加了42%和50%。此外,施氮对土壤酶活性也有促进作用,土壤脲酶和固氮酶活性较不施氮显著增强(图4-5)。这表明适量施氮可提高土壤养分有效性,增加土壤养分含量。

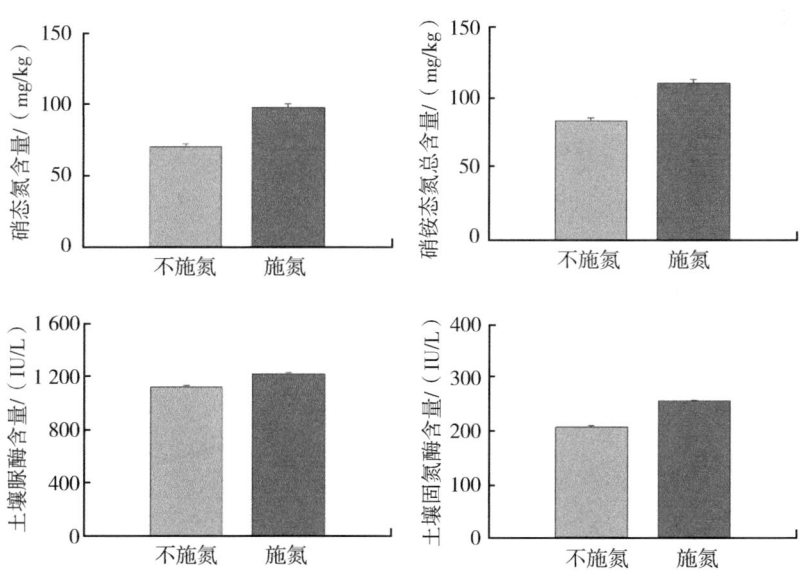

图4-5　施氮对土壤氮含量及酶活的影响(Liang et al.,2023)

二、施用磷肥对土壤肥力及花生生长发育的影响

施磷对花生茎叶分枝的发育状况有着显著的影响。磷元素在植物体内参与能量代谢和许多重要的生物合成过程,它是核酸、磷脂和许多酶的重要构成成分。在花生植株中,磷充足的情况下,茎叶分枝能够良好地发育,形成健壮的株型,有利于提高光能的截获效率,增强叶片的光合作用。

磷对花生根系生长发育也有着不可忽视的作用。施磷可促进花生叶片的光合作用,显著提高净光合效率、蒸腾速率、胞间 CO_2 浓度和气孔导度,增加光合产物的积累,增加土壤速效磷含量,增加植株各组织干重,显著促进花生植株生长和产量(图4-6)。施用磷肥后土壤中速效磷含量显著增加,土壤酸性磷酸酶活性显著降低,花生植株各组织中磷含量显著增加(图4-7)。

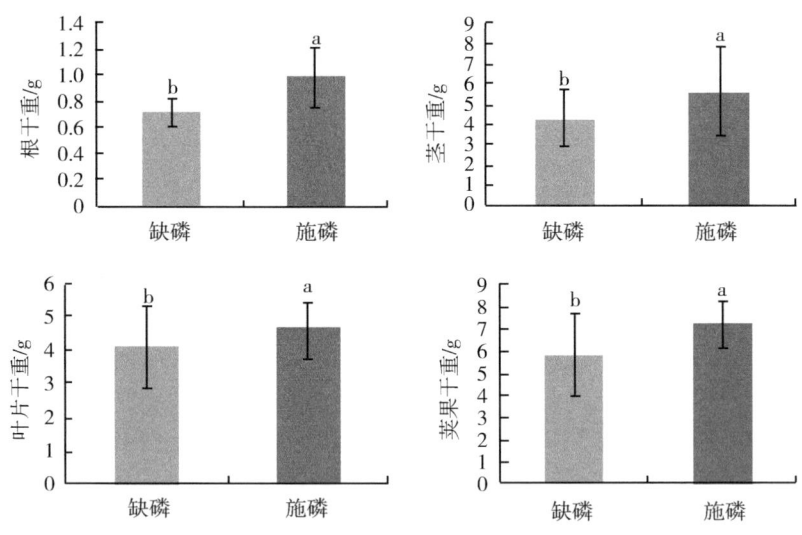

图4-6 施磷肥对植株各组织干重的影响

注:不同小写字母表示差异显著。

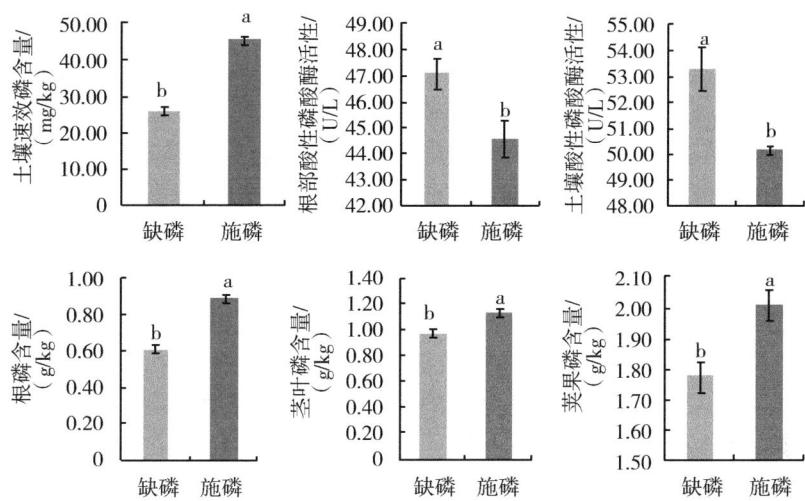

图 4-7　施磷肥对土壤酶活性及植株各组织磷含量的影响

注：不同小写字母表示差异显著。

三、施用外源碳对土壤肥力及花生生长发育的影响

1. 土施外源碳

土壤中的碳是土壤有机质的主要组成部分，对植物生长发育、土壤养分转化和微生物活动具有重要影响。碳氮比是指土壤中碳元素与氮元素的相对含量比例，通常用 C/N 比来表示。碳氮比对植物的生长发育具有重要的影响。首先碳氮比会影响植物对营养物质的吸收和利用。在碳氮比高的土壤中，氮元素的含量相对较少，导致植物缺氮而出现黄叶、生长缓慢的情况。在碳氮比低的土壤中，氮元素的含量相对较高，但过多的氮素可能会导致植物叶片过度生长，而茎干和根系生长受限。此外，碳氮比还会影响植物的代谢和生长。碳氮比高容易导致植物代谢缓慢，植物会比较瘦弱，易出现虫害和疾病。碳氮比低

可能会促进植物的代谢活动，使植物更加健壮。为了保持植物的正常生长发育，需要保持土壤中的碳氮平衡，即土壤中的碳元素和氮元素需要处于适宜的比例范围内。通过外源碳添加调控土壤碳氮比是调节植物生长发育的重要手段。外源碳氮比添加试验结果显示，与单施氮肥处理相比，不同碳氮比处理下花生根瘤数明显增加，其中碳氮比15对花生根系结瘤促进效果最好。花生植株根系活力随着不同碳氮比增加而增强，根系中可溶性糖含量和蔗糖含量较对照处理也呈现不同程度的增加（图4-8）。此外，外源碳施用对植株性状也有显著影响，与单施氮肥处理相比，碳氮同时施用显著增加了花生植株生物量、株高，增加比例达10%以上，植株分枝数也明显增加（图4-9）。由此可见，外源碳对花生生长发育有显著影响，生产中通过碳源施用可有效调控作物生长。

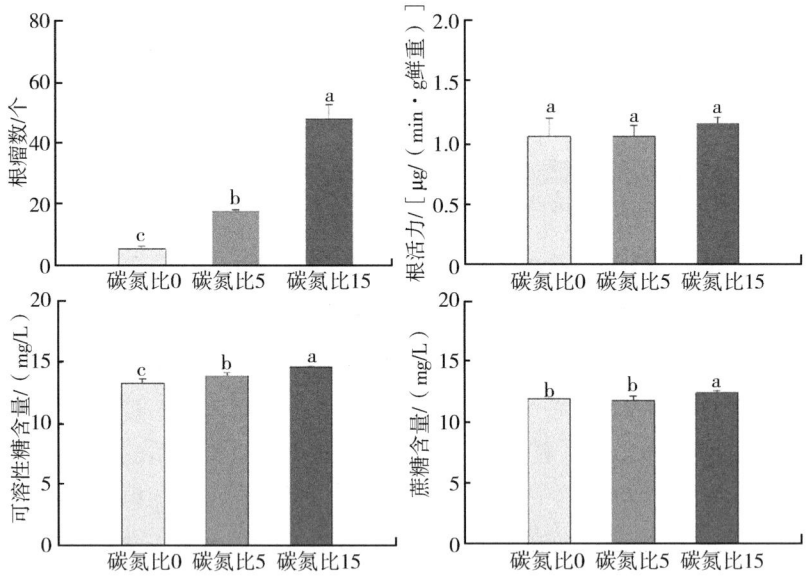

图4-8　不同碳氮比对花生根系的影响（Liang et al., 2023）

注：不同小写字母表示差异显著。

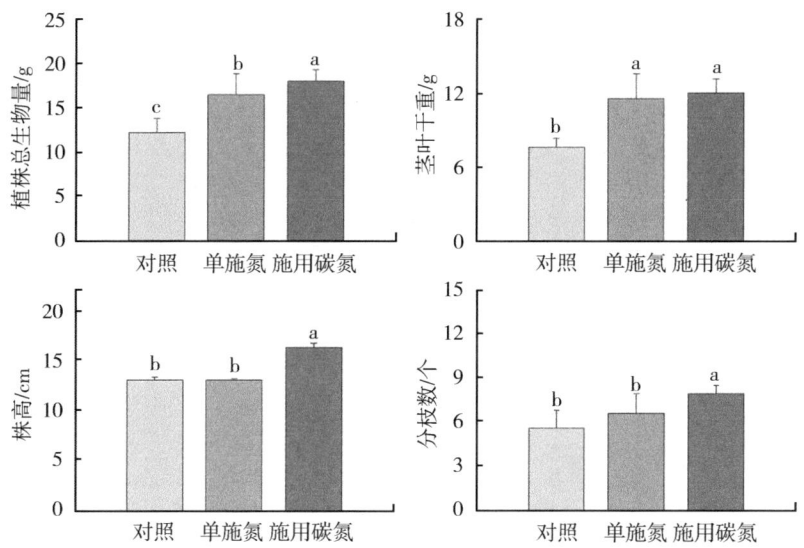

图 4-9 碳氮添加对花生植株生长的影响（Liang et al., 2022）

注：不同小写字母表示差异显著。

外源碳添加可改善土壤肥力，为微生物提供养分，增强土壤酶活性。花生外源碳添加盆栽试验表明，花生收获后，与单施氮肥相比，添加一定比例的碳源可降低土壤残留土壤硝态氮和铵态氮，增强土壤脲酶和固氮酶活性，促进植株养分吸收，减少速效养分残留（图 4-10）。

2. 叶面喷施外源碳

农业生产中，除了土壤施肥外，现在常用的施肥方式还有叶面喷肥。叶面喷施是通过喷雾等手段把肥料施于农作物叶面等部位，使农作物获得生长发育所需养分的一种根外施肥方式。叶面喷肥可以及时补充农作物所需的营养元素，提高植株体内酶的活性，使肥料得到高效利用。叶面喷肥较土壤追肥更易操作，效果也较好。因此，叶面喷施营养物质是作物补充营养的重要措施。例如，一些作物需求量小的中微量元素，通过叶面喷施可快速补充作物所缺元素，比土壤施用效

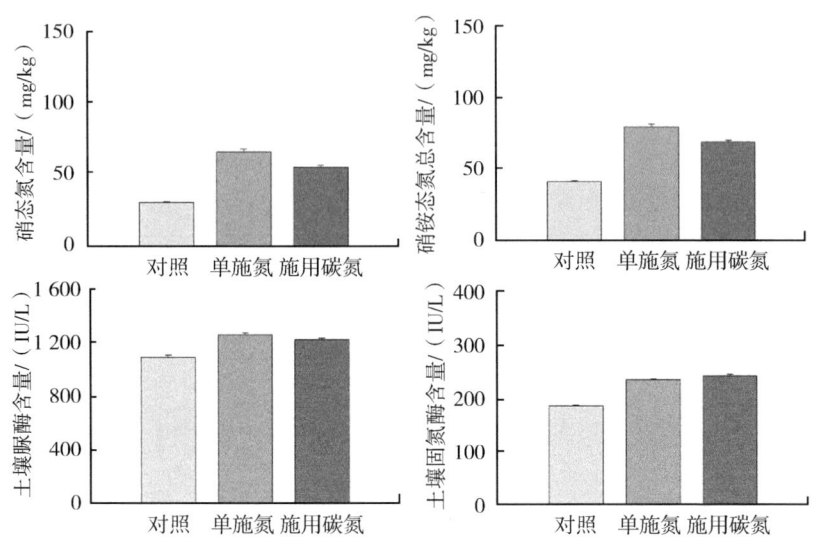

图 4-10 碳添加对土壤氮含量及酶活的影响（Liang et al., 2022）

果好、见效快。研究发现，通过外源喷施补充植株所需碳源是一种较好的施肥方式，小分子有机碳能够加强光合作用，起到喷碳补氮的效果。试验研究了喷施 6 种（单糖、双糖、单醇、二元醇、单酸、二元酸）不同结构的小分子碳源对花生生长的影响，结果发现：叶面喷施葡萄糖，净光合速率显著高于其他处理；喷施单糖，极显著增加了花育 22 品种的叶片气孔导度、蒸腾速率。这表明喷施单糖可有效改善花生植株光合性能，从而增强光合作用（图 4-11）。

与此同时，与对照相比，不同类型碳源均不同程度增加了花生叶片 SPAD 值，其中，喷施单糖对叶片 SPAD 值的提高效果最好，这表明花生叶面氮素营养等在此条件下显著改善。从干物质累积来看，单糖、双糖都显著促进了花生地上部茎叶和荚果的物质累积，喷施单糖效果最好（图 4-12）。田间试验验证了糖类喷施对花育 22 品种产量的显著促进作用，喷施单糖和双糖产量较对照分别增加了 11.7% 和 6%（图 4-12）。因此，花生选择喷施糖类，尤其是单糖可以促进光合作用，改善叶面营养，促进干物质累积和产量的增加。

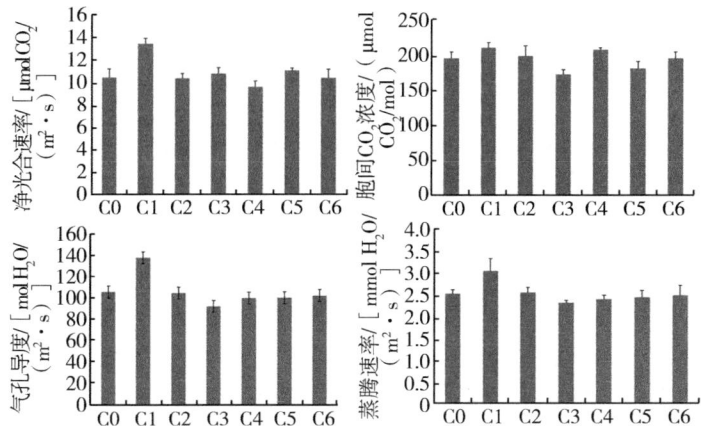

图 4-11 叶面喷施碳源对光合特性的影响

注：C0，喷施蒸馏水；C1，喷施单糖；C2，喷施双糖；C3，喷施单醇；C4，喷施二元醇；C5，喷施单酸；C6，喷施二元酸。

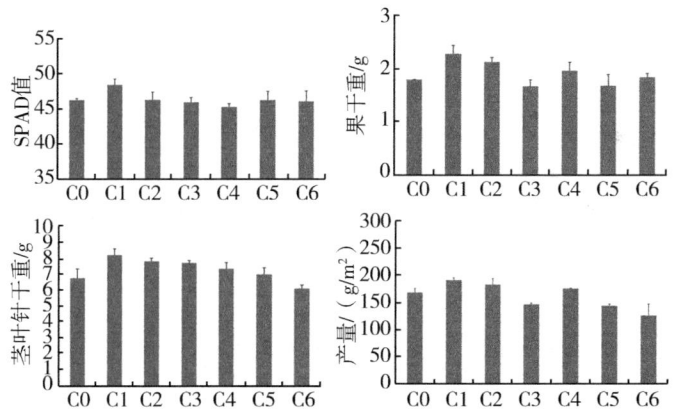

图 4-12 叶面喷施碳源对花生植株干重、叶绿素及产量的影响

注：C0，喷施蒸馏水；C1，喷施单糖；C2，喷施双糖；C3，喷施单醇；C4，喷施二元醇；C5，喷施单酸；C6，喷施二元酸。

四、施用新型肥料对土壤肥力及花生生长发育的影响

1. 包膜缓释肥

包膜缓释肥是近年来开发应用的一类特殊肥料,其释放养分的速度较慢,能够在一定时间内持续为植物提供养分。相比于传统的速效肥料,缓释肥具有许多优势。首先,缓释肥释放养分的速度较慢,能够持续为植物提供养分,满足植物在不同生长阶段的需求。持续供应养分有助于促进植物的生长发育,减少养分缺乏和过量施肥的风险。其次,缓释肥释放养分的速度可根据植物需求和环境条件进行调节,减少养分的流失和浪费,提高养分利用效率,减少对环境的污染。此外,研究表明,相对于速效肥而言,缓释肥的温和释放特性能够有效促进植物的生长和抗逆性,提高植物的适应能力,提升植物产量和品质。在此背景下,缓释肥应用于花生栽培的研究得到了广泛关注。

花生对营养元素的供应量及供应周期十分敏感,合适的肥料是提高花生产量的关键。目前尽管市面上的传统缓释肥已广泛应用,但其存在施肥后前期释放速率过大、释放周期短等问题,难以使商品化的缓释肥养分释放速率与特定农作物的生长周期需肥量相统一。此外,多数缓释肥包膜材料在土壤中难以降解,会对土壤造成二次污染。因此,探明缓释肥对花生不同生长期的影响特征,开发适用花生的专用缓释肥,对显著提高花生肥料养分的利用率,防止环境污染,具有十分重要的意义。

(1) 包膜缓释肥对花生生长性状的影响

对不同速效肥与缓释肥处理下的花生长势进行比较发现,与施加单一尿素肥料的花生植株相比,施加缓释尿素的花生植株株高更高,分枝多并且长,叶片数明显多,长势好(图4-13)。

比较缓释肥料与普通尿素对花生株高、主茎高、侧枝长、分枝数的影响,结果发现,施用缓释肥较对照有明显的促进生长作用。

图 4-13　不同缓释肥对花生长势的影响

注：1，单一尿素；2，戊二醛改性壳聚糖包膜尿素；3，乙二醛改性壳聚糖包膜尿素；4，10%海藻酸钠尿素微球；5，15%海藻酸钠尿素微球；6，20%海藻酸钠尿素微球。

与施用单一尿素颗粒氮肥相比，施用花生专用缓释肥的花生相对株高明显增加，花生开花期和结荚期表现趋势相似。花生开花期、结荚期地上部相对干重较单施氮肥分别增加23.4%、68.1%，花生相对荚果重增加较对照增加10%以上（图4-14）。这表明与常规肥

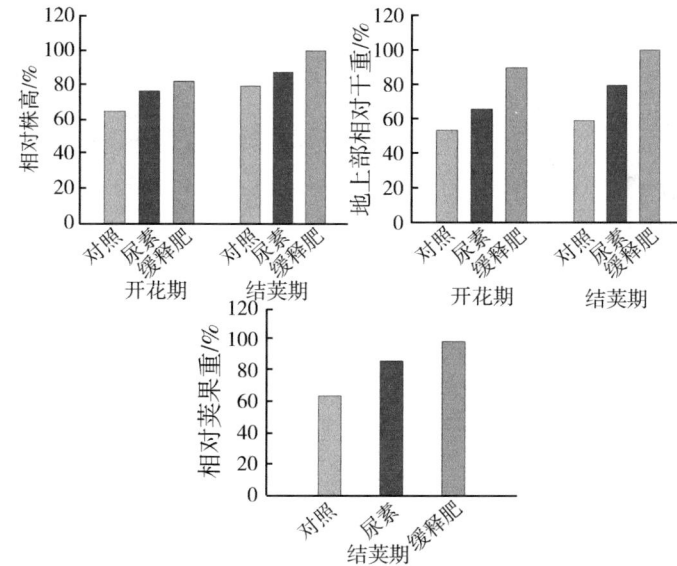

图 4-14　不同肥料对花生长势的影响（Meng et al.，2024）

料相比,缓释肥有更长的供肥周期,可为花生生长提供持续有效的养分,促进花生的生长发育。

(2)包膜缓释肥对花生光合作用的影响

氮素是调控植株光合性能的有效因子之一,氮肥施用会影响光合作用及与其相关的气体交换过程(贾瑞丰等,2012)。有研究表明,氮肥和缓释肥配施有利于植株叶绿素含量提高,光合速率高于不施缓释肥处理(朱亚和赵永平,2020)。花生专用缓释肥试验结果表明,缓释肥对花生光合作用也有明显影响。花生开花期净光合相对值均表现为缓释肥处理最高,与施用普通尿素相比,缓释肥处理下的净光合相对值增加了15%,开花期植株气孔导度相对值也表现为缓释肥处理最高(图4-15)。这说明缓释肥对光合速率的提高具有一定的促进作用(Meng et al.,2024)。

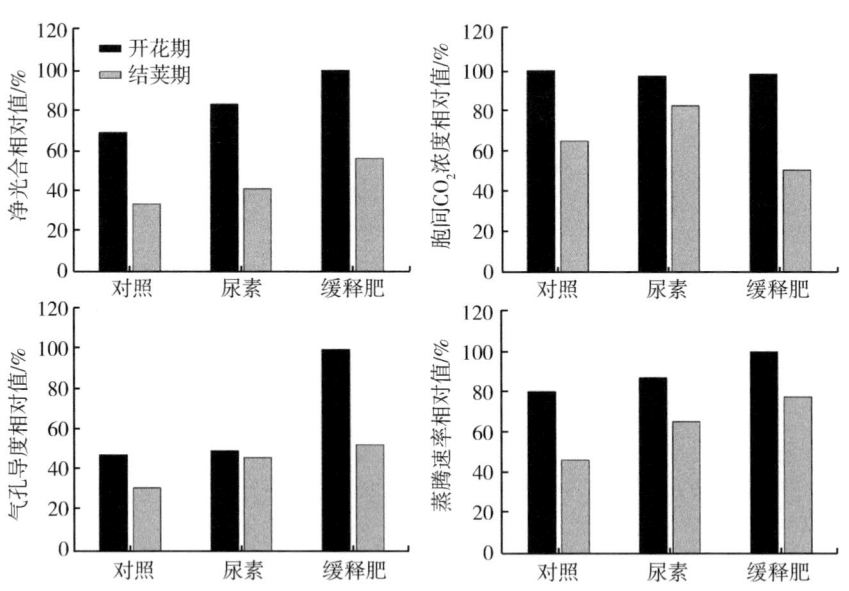

图4-15 不同肥料对花生光合性能的影响(Meng et al.,2024)

土壤养分是植株生长的必要条件。缓释肥具有持续释放养分的作用，能在作物生育后期提供充足的养分，能够在一定程度上改善土壤理化性质，提高土壤速效养分含量。研究结果表明，不同施肥处理下土壤速效氮含量变化不同，尿素施用下整个生育期土壤氮含量苗期含量最高，之后呈逐渐下降趋势，而缓释肥处理下氮素含量在开花期达到最大，之后呈缓慢降低趋势（图4-16），这可能是因为尿素施入后迅速分解到土壤中，氮供给量超过花生吸收量，较多的速效氮残留在土壤中，而缓释肥前期养分释放慢得益于双层膜的缓控效果，到开花期释放量达到最大值，到饱果成熟期，随着植株需氮量的增加及释放速率降低，土壤速效氮含量进一步减少。

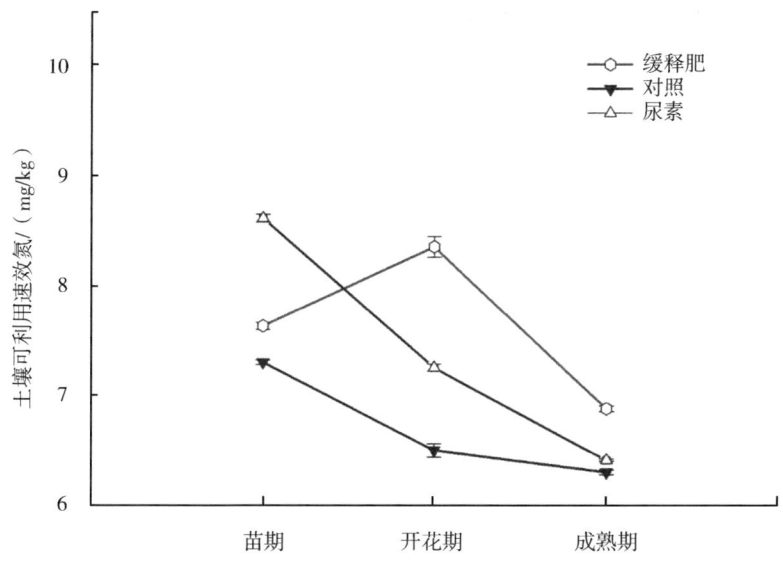

图4-16　不同肥料在土壤中释放量（Meng et al.，2024）

2. 海藻肥

传统作物肥料多以化学肥料为主，近年来化学肥料的不合理施用造成的土壤板结、环境污染问题愈演愈烈。为缓解化学肥料造成的负面影响，国家推行减肥增效政策，一些绿色来源的生物源肥料受到广泛关注。海藻由于来源自然、产量高、养分丰富且繁殖迅速被广泛开发和应用成肥料，在一定程度上取代了传统的化学制品肥料。目前应用于农业的藻类有褐藻、绿藻、红藻等。生产上一般通过化学、物理等方法从海藻中提取有效成分并采用生物法生产海藻生物有机肥为植物生长提供营养。研究发现，海藻中存在多种有利于作物发展的养分和微量元素，如多糖、甾醇、萜烯、甜菜碱、多胺、氨基酸、矿物质、维生素和植物激素等，在促进幼苗生长、协助作物抵抗逆境、提升作物产量品质方面发挥关键调控作用。目前海藻肥在小麦、玉米、甘蔗等作物栽培中的应用已被广泛报道，而在花生中的报道较少。明确海藻肥处理对花生农艺特点与经济性状的影响，能够为海藻肥在花生栽培中高效施用提供参考依据。

（1）海藻肥对花生地上部分长势的影响

良好的植株长势是保证产量的前提。研究发现，施用海藻液肥能够显著促进花生的生长（图4-17）。在株高方面，施用海藻肥的花生植株显著（$P \leqslant 0.05$）高于未施用海藻肥植株，比对照高出约29.3%。侧枝长度方面，与对照相比，施用海藻肥将花生第一对侧枝长度提高53.3%（Meng et al.，2022）。

（2）海藻肥对花生地下部分长势的影响

根系是植物从土壤中吸收水分和养分的必要器官，对固定植株，以及吸收作物生长发育需要的水分、养分和合成生长调节物质有重要作用。研究发现，与对照相比，施用海藻肥能显著促进花生根系生长，花生根长、根体积、根表面积和根尖数均有不同程度增加（图4-18）。由此可见，施用海藻肥可以显著促进花生根系的生长发育，促进花生生长发育。

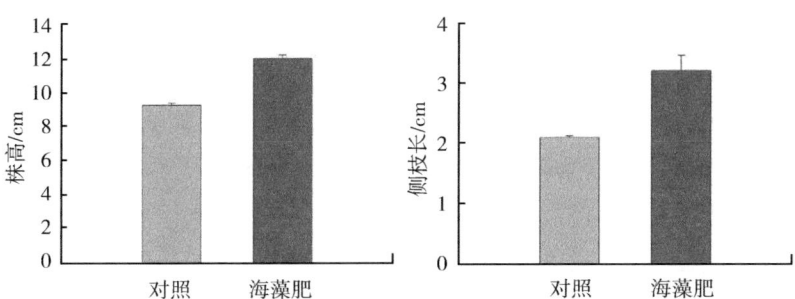

图4-17　海藻肥对花生植株生长的影响（Meng et al.，2022）

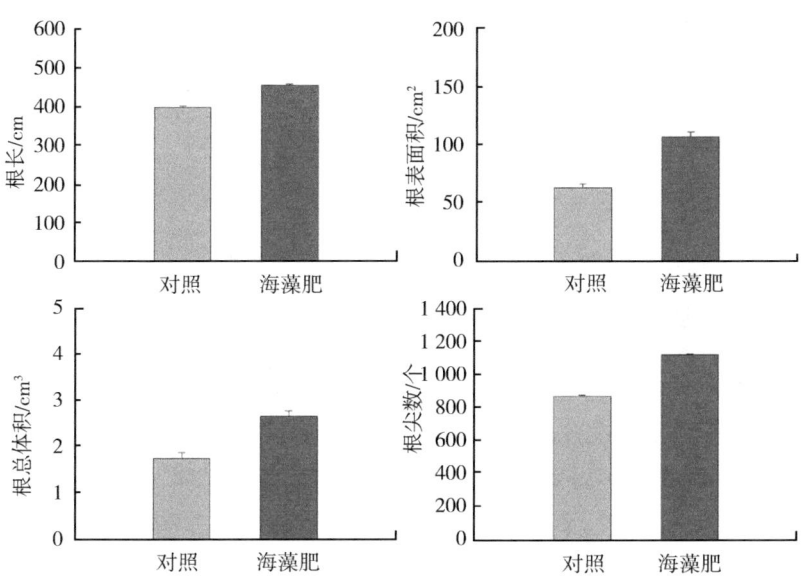

图4-18　海藻肥对花生根系性状的影响（Meng et al.，2022）

（3）海藻肥对花生光合作用的影响

光合作用是植物将阳光转化为能量和产量的自然过程，促进花生光合作用对于提升花生产量潜能具有重要意义。Meng 等（2022）通过比较施加与未施加海藻肥花生植株光合作用指示性指标发现，施加海藻肥可显著提升花生的胞间 CO_2 浓度、气孔导度，证实施加海藻肥可以显著提升花生叶片光合作用。这可能是因为施用海藻肥对提高花生植株叶片叶绿素含量有明显促进作用，叶绿素含量的提高可有效增强植株光合性能（图 4-19）。

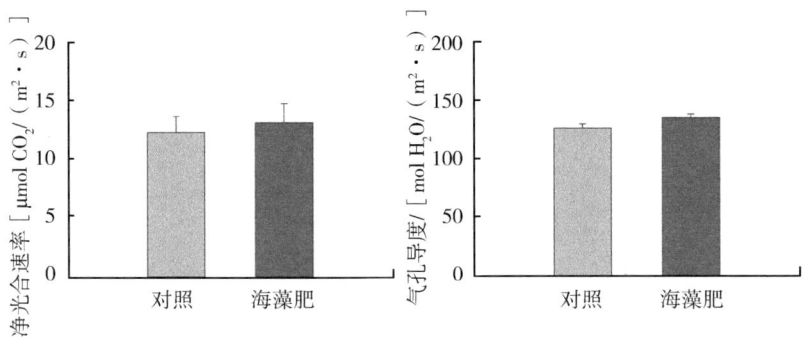

图 4-19　海藻肥对花生光合速率的影响

此外，海藻肥因其富含天然活性物质和矿物质元素，对土壤养分也有显著影响。研究发现，施用海藻肥能降低土壤容重，延缓土壤酸化进程，同时降低土壤有机质的耗竭速度，改善土壤物理性状（张扬等，2021）。另外，海藻肥施用下土壤中大量元素含量明显高于普通施肥，这是因为海藻肥中含有海藻酸、海藻多糖、褐藻多酚等有机活性物质，能促进土壤团聚体结构的形成，提高有机质含量，减少养分流失，进而达到改良土壤、提高肥料利用率的作用。

3. 丛枝菌肥

微生物菌肥是一种新型生物肥料，其主要依赖于微生物的生命活动来活化土壤养分，提高作物养分利用率，打破普通生物肥的

"专一性""局限性""专用肥"的固有弱点,是目前国家大力推行的绿色高效肥料。丛枝菌是一种与植物根系共生的微生物,它们能够与植物根系形成特殊的共生菌根,通过营养物质的双向流动,即寄主植物为丛枝菌提供维持生命所需要的碳源物质,丛枝菌帮助寄主植物从土壤中获得矿物质等营养元素,促进寄主植物的生长和发育,提高寄主植物的抗逆性。因此明确丛枝菌对花生植株的生长、养分利用状况的促进作用,对于提高丛枝菌肥在花生生产中的实际应用具有重要的指导意义。

(1) 丛枝菌肥对花生地上部分主要生长指标的影响

丛枝菌肥施用对花生生长具有显著影响。研究表明,与不施加丛枝菌肥相比,施加丛枝菌肥使主茎高增加 27.9%、主茎叶数增加 51.1%、分枝数增加 2 倍以上、侧枝长增加 4 倍以上(表4-1)。施加丛枝菌肥使 SPAD 值增加了 19.2%,这一结果说明,施加丛枝菌肥有利于提高植物叶片叶绿素含量,提升光合性能。可见,加入丛枝菌肥有助于花生植株的生长。

表4-1 花生地上部分主要生长指标

处理	主茎高/cm	主茎叶片数/片	分枝数/个	SPAD 值
对照组	8.60b	15.00b	1.00b	49.15b
丛枝菌肥	11.00a	22.67a	4.67a	58.60a
丛枝菌肥+尿素	11.17a	21.30a	0.67b	51.30b

注:同列不同小写字母表示差异显著。

(2) 丛枝菌肥对花生根系生长发育的影响

已有的研究证明,丛枝菌能在土壤中形成庞大的菌丝网络,直接吸收养分并运输给宿主植物,这种作用有助于植物获得必需的营养物质,从而改变根系形态,促进根系的生长和发育。研究表明,对花生而言,施加丛枝菌肥可以显著增加花生根的长度、根表面积,植株生物量也较对照有所增加(图4-20),这可能是由于丛枝菌的存在提升了根系对养分的吸收能力,进而促进了花生根系的生长。

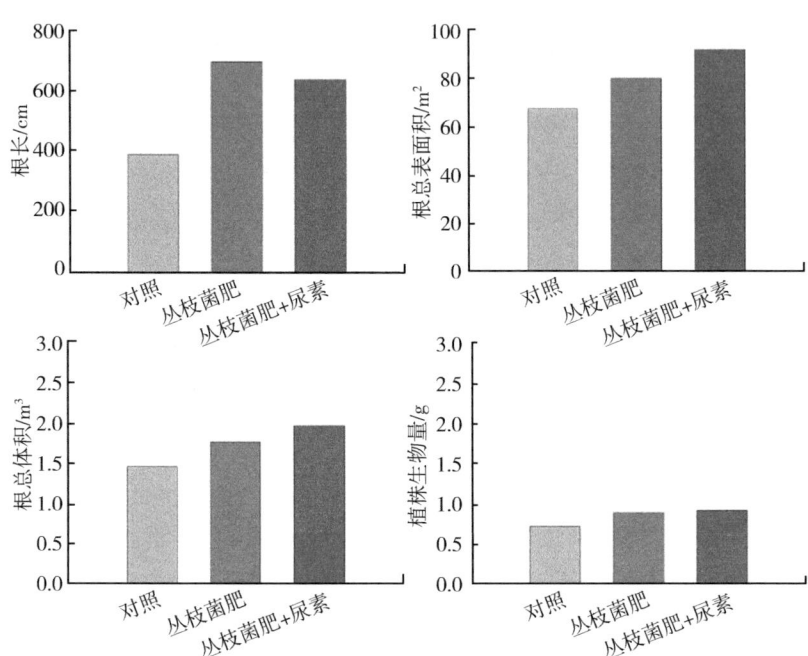

图 4-20　菌肥对花生根系生长的影响

(3) 丛枝菌肥对花生光合作用的影响

光合作用是植物利用叶绿素将二氧化碳和水转化为有机物，并储存植物生长发育所需能量的重要生理过程。光合能力是植株生长发育状况的重要标志。通过对施加和未施加丛枝菌肥花生植株光合作用指标进行比较分析发现，施加丛枝菌肥能够显著提高花生光合性能（表4-2）。这可能是由于丛枝菌肥的施加使花生植株增高，主茎叶数也增多，接受光照的叶片数增加，从而增加了光照面积。与此同时，蒸腾能力的增加进一步促进了光合作用循环强度，提升了植株的光合能力。

表 4-2　丛枝菌肥对花生光合性能的影响

盆栽处理	胞间 CO_2 浓度/ [$\mu mol\ CO_2$/ (mol)]	净光合速率/ [$\mu mol\ CO_2$/ ($m^2 \cdot s$)]	气孔导度/ [$mol\ H_2O$/ ($m^2 \cdot s$)]	蒸腾速率/ [$mmol\ H_2O$/ ($m^2 \cdot s$)]
对照	188	10.2	77	1.2
丛枝菌肥	200	11.1	85	2.4
丛枝菌肥+尿素	203	12.4	92	2.7

五、施用生物炭对土壤微生物及花生根系生长的影响

生物炭是由富含碳的生物质在无氧或缺氧条件下经过高温裂解生成的一种具有高度芳香化、富含碳素的多孔固体颗粒物质。其具有丰富的孔隙结构，提供了大量的表面积，增强了生物炭的吸附性能。此外生物炭含有丰富的元素组成，其中碳元素含量最高，一般在60%以上，还含有一定量的氮、磷、钾等矿质元素。生物炭表面含有丰富的含氧活性基团，使得生物炭具有良好的吸附特性以及亲水或疏水的特点，同时也增强了生物炭对酸碱的缓冲能力。近年来生物炭作为一种广泛应用的土壤改良剂，在农业领域引起了广泛关注。有研究表明，生物炭能够通过吸附作用提高土壤有机质含量，增加土壤含水量，直接提供用于作物吸收和利用的营养物质（Prendergast-Miller et al.，2013），并通过调节微生物群落来提高土壤肥力，以及驱动土壤养分循环（Pang et al.，2022；Ren et al.，2022）。在土壤中施用2%的生物炭可以将微塑料对蚕豆根毒性从23.48%减少到13.29%。此外，由于生物炭的加入提供了一个碳、能源和营养方面的来源，应用生物炭可以有效地改变微生物群落结构，增加微生物多样性，促进植物-土壤系统稳定性（Meng et al.，2019），改善土壤养分循环加工，提高植物的营养利用效率，并间接促进植物生长（Semida et al.，2021）。

植物正常生长发育离不开良好的土壤环境，由于生物炭具有高孔隙度、大表面积以及丰富的养分元素，近年来其作为土壤改良剂广泛应用于农业生产中。研究发现，生物炭的施用能够显著促进植物生长，增加植物生物量，提高植物抗逆性及提升作物的产量品质。Yang等（2024a）研究发现，施加生物炭对能够显著增加花生植株生物量，且其对地下部分的促进作用显著高于地上部分，这表明根系生长比地上部分更容易受到生物炭施用的影响（图4-21）。此外，与未施加生物炭相比，施加生物炭可显著增加植株氮含量，提高叶片SPAD值，提升叶片的光合性能，进一步促进花生植株养分合成及累积。

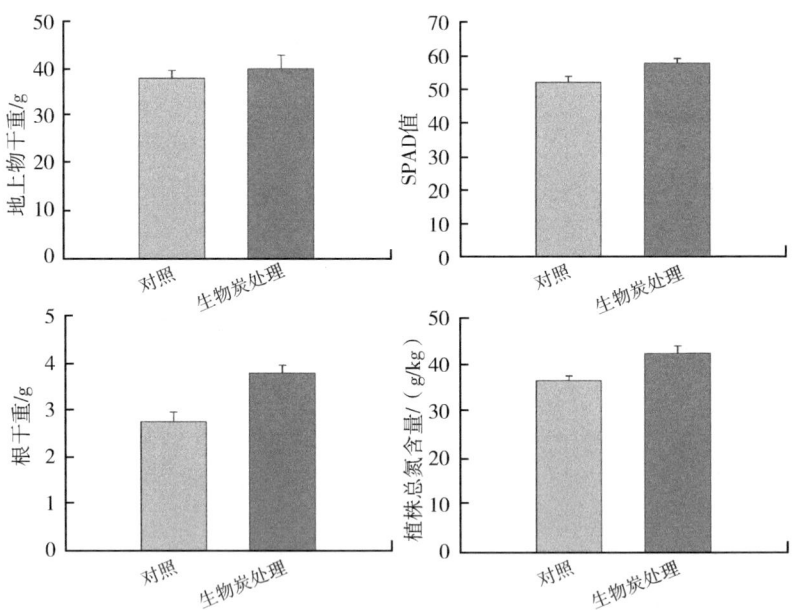

图4-21 施用生物炭对花生生长及氮含量的影响

从根系结构来看，施加生物炭能够促进花生根的生长发育，增加根中木质部导管数量，提升花生对水分和养分的吸收能力，进而促进花生的生长发育（图4-22）。

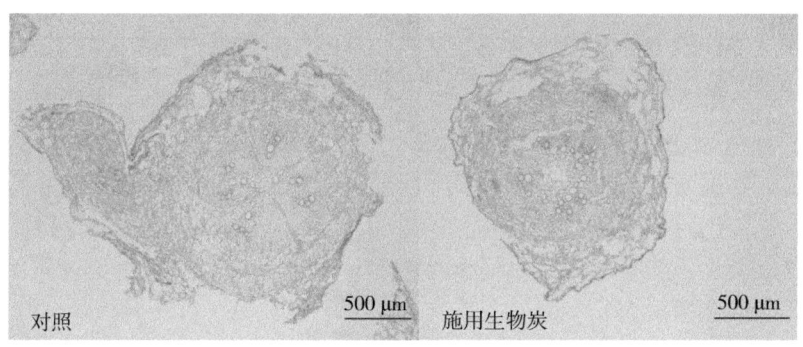

图4-22 生物炭促进花生根系木质部导管形成

施用生物炭后，Yang等（2024a）进一步测定了根系基因表达情况，结果发现，施用生物炭导致的差异表达基因的功能主要富集在与氧化胁迫响应和各种代谢酶活性相关的GO通路条目中（表4-3）。

表4-3 施用与未施用生物炭差异基因富集的GO通路

富集条目号	富集条目	富集因子	富集程度	基因表达情况
GO：0042542	对过氧化氢的响应	17.09	1.16×10^{-6}	下调
GO：0009266	对温度刺激的响应	5.44	1.16×10^{-6}	上调&下调
GO：0000302	对活性氧的响应	11.19	5.08×10^{-6}	下调
GO：0048046	细胞质	3.74	0.001 230 262	上调&下调
GO：0005576	细胞外区域	2.60	0.001 344 655	上调&下调
GO：0005618	细胞壁	3.07	0.004 542 575	上调&下调
GO：0004591	氧戊二酸脱氢酶活性	34.45	0.000 696 471	下调

（续表）

富集条目号	富集条目	富集因子	富集程度	基因表达情况
GO：0004553	水解酶活性	2.82	0.000 696 471	上调&下调
GO：0003993	酸性磷酸酶活性	7.66	0.000 999 902	上调

KEGG分析表明施加生物炭后差异表达基因富集的主要代谢通路为植物激素信号转导、次级代谢产物合成（苯丙烷生物合成）和碳水化合物代谢（如半乳糖代谢，以及戊糖和葡萄糖醛酸相互转化）途径。这些结果表明，生物炭主要通过促进植物根系养分吸收、能量代谢和木质素形成等途径促进花生根系生长进而促进花生植株发育（Yang et al.，2024a）（图4-23）。

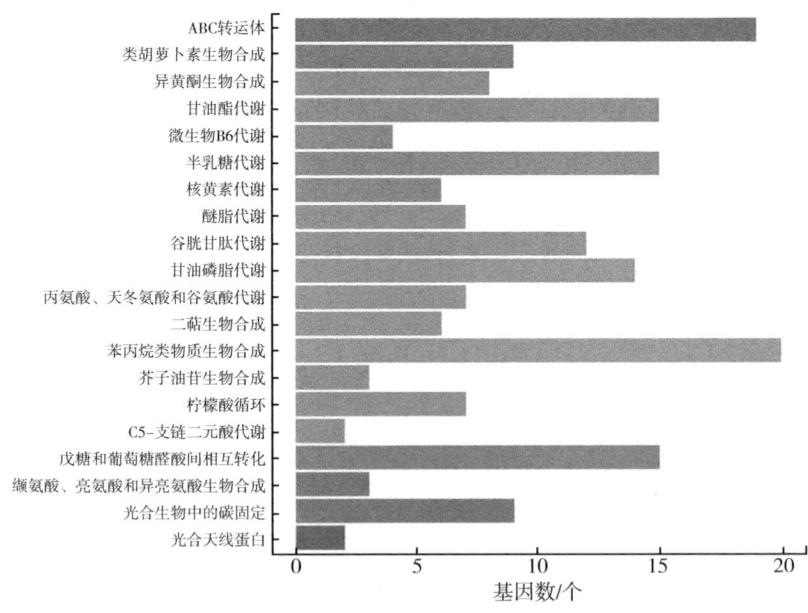

图4-23 施加生物炭后差异表达基因富集的KEGG通路

土壤微生物群落丰富度和多样性反映了微生物群落的物种变异，是影响土壤生态功能稳定性、养分周转率和作物生产力的重要因素。Shannon 指数是用来估算样本中微生物多样性的指数，常用于反映群落 α 多样性。Shannon 指数值越大，说明群落多样性越高。本章研究发现，与未施用生物炭相比，施用生物炭土壤微生物群落 Shannon 指数值显著增高，这一结果表明施用生物炭能够提高花生根际土壤群落的多样性和丰富度（图4-24）。通过主成分分析结果发现，未施加与施加生物炭在坐标轴上距离较远，说明生物炭的施加能够显著改变根际微生物群落组成（图4-25）。此外，根际土壤的微生物群落组成在不同处理下也表现出差异。添加生物炭显著增加了放线菌门、甲基拉比菌门等的相对丰度，而显著降低了蓝藻门、不动杆菌门等的相对丰度。

生物炭能够通过促进花生生长和改善土壤微环境两个方面来提升花生产量，是一项有潜力的新型土壤添加物质，未来应当对生物炭对花生生长和花生田耕地质量提升等方面进一步研究，以评估生物炭对我国花生田生态系统的可持续影响。

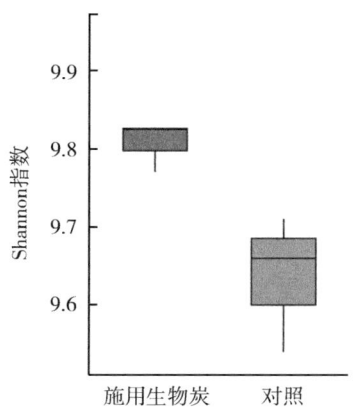

图 4-24 施加生物炭处理土壤微生物菌群的 α 多样性指数

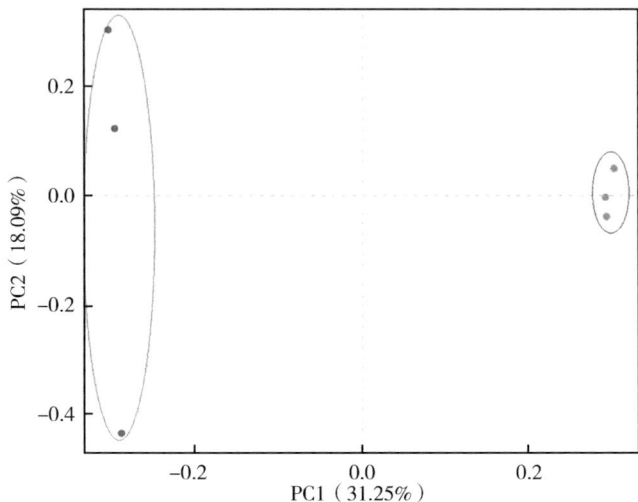

图 4-25　施用生物炭下土壤微生物菌群的主成分分析

第五章 种植方式对土壤肥力及花生生长发育的影响

土壤质量受到农业耕作方式、种植方式、管理实践等活动的影响。土壤耕作实践活动的目的是通过机械等人为活动，协调水肥等条件来改善土壤理化性质，以创造适宜作物生长和发育的土壤环境。不同土层的土壤结构与养分状况会影响作物根系的生长发育，对土壤实施适当的土壤耕作管理，如秸秆还田、土壤深松耕、翻耕等，是改善土壤质量和提高土壤生产力的有效措施。

一、耕作方式对花生根系生长及植株养分吸收的影响

一般来说，与较低的耕作强度或免耕做法相比，较高的耕作强度对较深的土壤剖面可能会显著影响土壤特性，从而影响植物生长。根系的生长和分布在很大程度上受到土壤压实强度的影响。由于普遍机械碾压、种植指数高以及化肥和水的不合理使用，土壤紧实胁迫是世界各地作物生产面临的最大挑战之一，全球农田在农业生态系统中面临着严重的紧实问题（杨晓娟等，2008）。土壤紧实胁迫增强了根系阻力，恶化了土壤物理特性（如土壤通气和含水量），根系发育受阻对作物的养分吸收和有机成分有显著影响，严重抑制了作物生长，降低作物生产力。研究表明，土壤耕作在解决压实问题方面发挥着重要作用（沈浦等，2020）。这可能归因于土壤压实的破坏、土壤通气和水分的改善以及土壤养分的活化。研究发现，3个试验点土壤耕作处理对花生籽粒必需营养元素的影响显著（表5-1）。N、P、K、Ca、Mg、Zn、Fe 和 Cu 的含量（kg/hm^2）在耕作措施下均较高，且在深耕下均最高。与免耕对照相比，耕作措施使 N、P、

K、Ca、Mg、Zn、Fe 和 Cu 的养分含量分别提高了 21.9%~39.6%、26.5%~35.6%、32.2%~36.0%、26.1%~39.5%、20.4%~32.2%、19.1%~28.2%、12.4%~26.3%和 34.2%~51.7%。

表 5-1　不同耕作方式下荚果中营养元素的含量　　单位：kg/hm²

处理	N	P	K	Ca	Mg	Zn	Fe	Cu
免耕	102.4c	10.4b	11.3b	1.5c	4.9c	0.069b	0.051b	0.016c
深松	124.9b	13.2a	14.9a	1.9b	5.9b	0.084a	0.057ab	0.021b
深耕	143.0a	14.1a	15.3a	2.1a	6.5a	0.088a	0.063a	0.024a
浅耕	130.2b	14.0a	15.0a	2.1a	6.2ab	0.082a	0.064a	0.023ab

注：同列不同小写字母表示差异显著。

土壤耕作对花生品质有显著影响，不同耕作方式下花生籽粒营养成分变化较大（图 5-1）。不同耕作方式下的花生含油量有显著

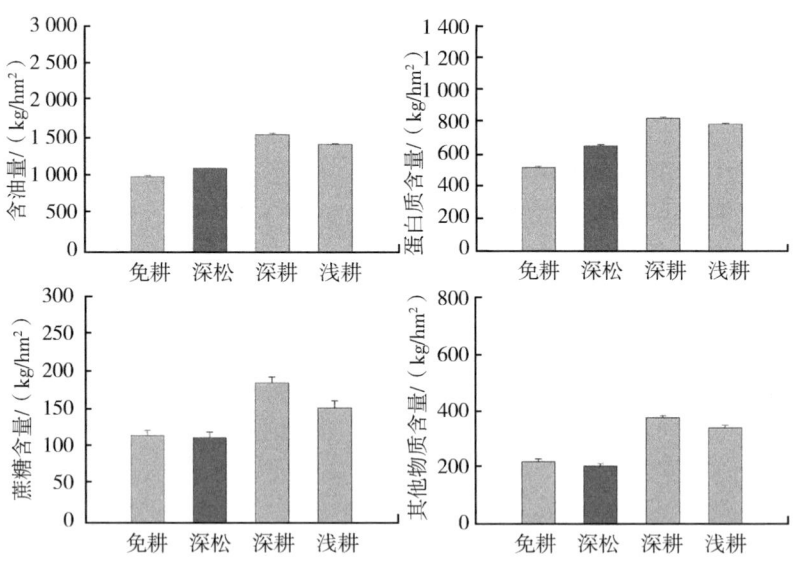

图 5-1　不同耕作方式下花生籽粒中油脂、蛋白质、蔗糖等物质含量

差异,但总体上,免耕处理的含油量最低,深耕处理的含油量最高,比免耕处理高 25.8%。蛋白质含量以深耕处理最高,免耕处理最低,比其他 3 个处理低 18.8%~39.3%。蔗糖含量深耕处理比深松和浅耕处理高 4.6% 以上,比免耕处理高 26.3% 以上。深耕和浅耕处理下花生籽粒中其他物质含量较高,比免耕处理下提高了 7.9%~29.4%。花生籽粒中不同营养成分以油脂含量最高,占总油脂的一半以上,其次是蛋白质、蔗糖和其他物质(图 5-1)。这表明耕作措施对花生籽粒养分含量及品质有显著影响,合理的耕作措施可提高花生品质。而土壤容重过大过小均对花生产生不利影响。试验发现,土壤容重与花生籽粒中油脂、蛋白质和蔗糖的相对含量呈极显著负相关,且与其他物质的相对含量也呈极显著负相关($P<0.01$,图 5-2)。土壤容重每增加 0.1 g/cm³,花生籽粒相对油

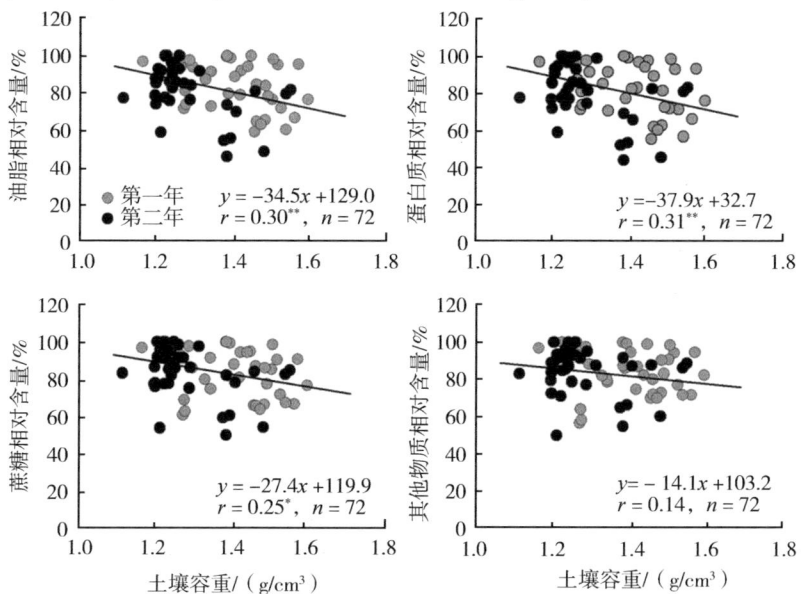

图 5-2 不同耕作方式下土壤容重与花生籽粒中
油脂、蛋白质、蔗糖等相对含量的关系

脂、蛋白质和蔗糖含量分别降低 3.4%、3.8% 和 2.7%。

二、轮作方式对土壤养分及微生物的影响

不同栽培措施在农业生产中具有重要的意义，不同的轮作方式和土壤改良剂的应用，为作物生长提供了良好的环境，提高了土壤质量，促进了作物产量和品质的提升。轮作（crop rotation）指在同一田块上有顺序地在季节间和年度间轮换种植不同作物或复种组合的种植方式。合理轮作是缓解作物连作障碍的有效农艺管理策略。用于轮作的作物种类的差异使不同的轮作模式对农作物生产具有不同的影响（Venter et al.，2016；Sumner 和 Donald，2018；Massigoge et al.，2024）。轮作引入的不同作物由于不同的营养生态位，可以平衡土壤养分，提高土壤肥力（Passaris et al.，2021）。此外，通过不断改变宿主，轮作可以避开专门的寄生病原体和寡食性害虫，减少连作造成的病虫害（Carrière et al.，2020）。不同作物带来的不同根际环境有利于构建健康的土壤微生物群落，进一步减少连作造成的损害（He et al.，2019）。此外，不同的作物根系在土壤中分布不同，对土壤的疏松程度、通气性和保水性等有不同的影响。合理的轮作可以改善土壤的物理结构，增加土壤的透气性、保水性和保肥性，有利于作物的生长和发育。土壤改良剂是指通过改善土壤物理化学性质，促进作物养分吸收的一种或几种复合物形成的制剂。不同的土壤改良剂对土壤物理和化学性质的影响不同。土壤疏松剂、抗板结剂等土壤改良剂能够调整土壤颗粒的黏合力和孔隙度，改善土壤结构，增加土壤的透气性、保水性和保肥性，为作物生长提供良好的土壤环境；石灰等土壤改良剂可以中和酸性土壤，硫酸铵等酸性物质可以降低碱性土壤的 pH 值；有益菌类的土壤调理剂可以促进土壤有机物的分解、养分的转化和推动作物生长等过程，抑制有害微生物的繁殖，增加土壤的生物活性和抗病能力。总之，不同栽培措施通过不同的轮作方式和土壤改良剂的应用，对农业生产具有重要的意义。它们能够防治病虫害、均衡利

用土壤养分、改善土壤理化性状、补充土壤养分以及促进土壤微生物的生长等，为作物生长提供了良好的环境，提高土壤质量，促进作物产量和品质的提升。因此，明确不同栽培措施对花生生长及产量品质的作用对于促进花生产业绿色高效可持续发展具有重要意义。

花生是一种易发生连作障碍作物，其中绿肥—花生轮作和小麦—玉米—花生轮作是花生种植过程中的两种主要轮作方式。Yang 等（2024c）研究发现，绿肥—花生轮作和小麦—玉米—花生轮作能够显著促进花生生长，提高花生产量。在不同轮作模式连续实施的第 3 年，绿肥—花生轮作与小麦—玉米—花生轮作模式下的花生产量分别是连作花生产量的 1.31 倍和 2.55 倍。在不同轮作模式连续实施的第 5 年，绿肥—花生轮作和小麦—玉米—花生轮作分别比花生连作增产 40.59% 和 81.95%（图 5-3）。这些结果表明，与连作措施相比，轮作措施可以显著提高花生产量，其中小麦—玉米—花生轮作措施对花生产量的提高效果比绿肥—花生轮作措施更显著。

不同轮作模式对土壤理化性质的影响是多方面的，包括改善土壤保水能力、缓解土壤酸化、改变土壤养分结构和酶活性等，这些影响有助于改善土壤质量，提高土壤肥力和作物产量，对于实现农业可持续发展具有重要意义。花生根部能够分泌有机酸，花生连作使有机酸在土壤中积累过多，引起花生有机酸中毒，从而影响根系的生长发育和其对养分、水分的吸收，致使植株长势弱、抗逆性差。Yang 等（2024c）通过不同轮作模式长期定位实验发现，无论何种种植模式下，花生田土壤 pH 值均随着种植年限的增加而呈下降趋势。与花生连作相比，绿肥—花生轮作和小麦—玉米—花生轮作分别增加了 0.31 和 0.45 个单位。有机碳浓度随着其他作物的引入而增加。在第 3 年绿肥—花生轮作中观察到有效氮的最高值。与连作花生相比，土壤有效磷在小麦—玉米—花生轮作处理中含量高，这可能与小麦玉米残茬磷含量较高

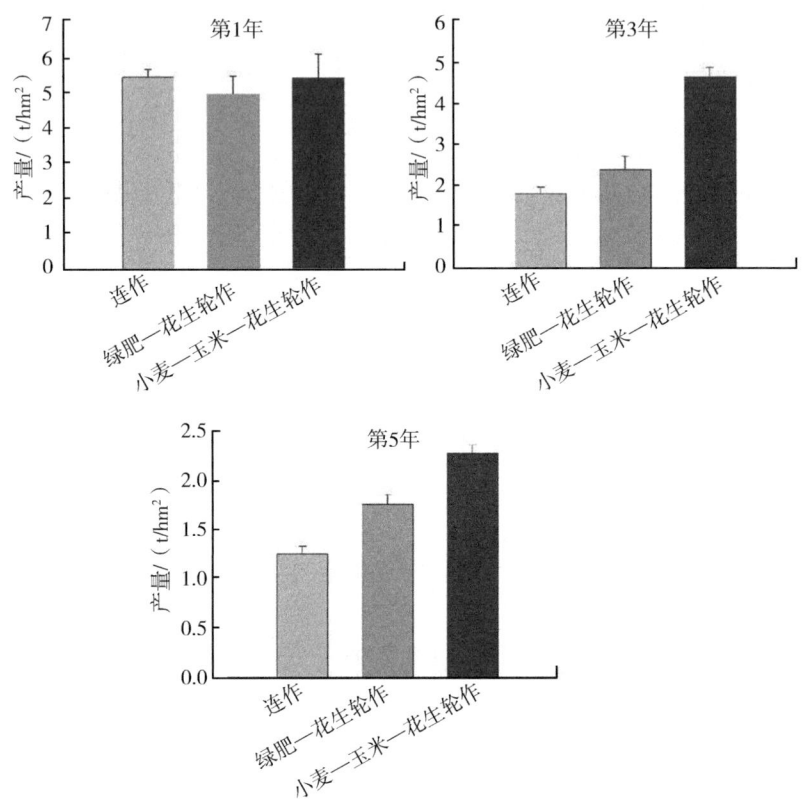

图 5-3　不同轮作措施对花生产量的影响

有关（图 5-4）。

土壤微生物在作物生长中扮演着至关重要的角色，其不仅可以改良土壤结构、促进养分循环，还能调节作物生长、防止土传病害，为作物提供一个健康、适宜的生长环境。轮作改变了农田的耕层结构，影响了农田土壤微环境（如水分、养分含量等），进而影响了土壤微生物群落结构和组成，显著增加土壤微生物的数量和改变其种类。土壤中微生物会受到不同轮作

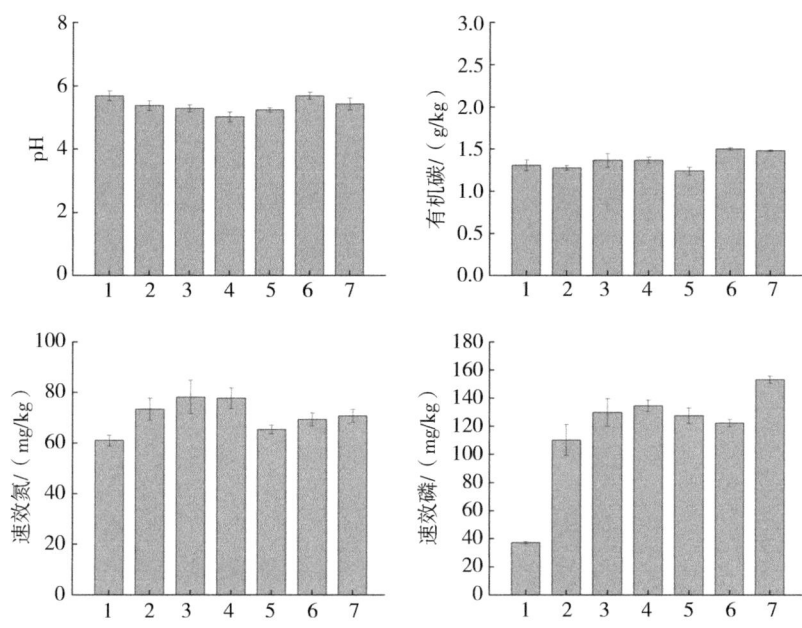

图 5-4　不同轮作模式下花生田土壤理化性质变化

注：1，第1年花生种植；2，第3年花生连作；3，第3年绿肥—花生轮作；4，第3年小麦—玉米—花生轮作；5，第5年花生连作；6，第5年绿肥—花生轮作；7，第5年小麦—玉米—花生轮作。

模式作物种类的影响。Yang 等（2024c）对不同轮作模式下花生根际土壤样品进行细菌 16S rRNA 基因和真菌 rRNA 高通量测序发现，花生根际土壤细菌和真菌群落因不同的栽培年限和模式而发生变化。其中，与真菌相比，细菌多样性更容易受栽培措施影响（图 5-5）。主成分分析结果显示，栽培年份是土壤细菌群落结构变化的首要驱动因素，轮作模式是土壤真菌群落结构变化的主要驱动因素。

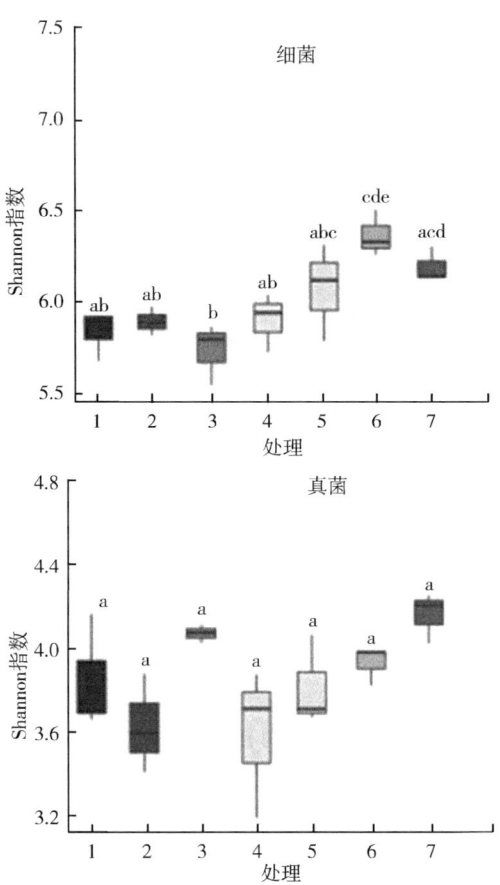

图 5-5　不同耕作年份和栽培措施下花生根际细菌和真菌多样性

注：1，基础土；2，3 年花生连作；3，3 年绿肥—花生轮作；4，3 年小麦—玉米—花生轮作；5，5 年花生连作；6，5 年绿肥—花生轮作；7，5 年小麦—玉米—花生轮作。不同小写字母表示差异显著。

三、秸秆还田对土壤养分及植株生长的影响

秸秆作为丰富养分的资源能为土壤提供肥力，我国秸秆储备量很大，我国每年产出的秸秆高达 6.2 亿 t，其中以水稻、玉米秸秆

为主,高达 4.38 亿 t(江永红,2001)。随着农民生活水平不断提高,秸秆回收利用率降低,农民对秸秆多进行就地焚烧处理,既浪费资源,又造成环境污染。农业生产为了追求产量,常常过量施用化肥,引起土壤酸化、板结现象,造成土壤肥力的衰退。发达国家对秸秆的利用非常重视,农田施肥主要包括农家肥和秸秆还田(李万良,2007)。美国和英国秸秆还田率已达到68%和73%,日本还研发出秸秆分解技术、秸秆肥料(李万良,2007)。秸秆还田是保持土壤肥力的重要手段,既环保又能增加土壤肥力、促进作物生长(Rautaray,2003;Rahmana,2005)。

通过选取花生主产区典型棕壤,通过分析土壤肥力指标、花生表型指标及养分吸收等生理指标,研究玉米秸秆还田与耕作方式对花生田土壤质量和花生养分吸收的影响。结果如下。

一是耕作方式+秸秆还田在一定程度上影响了花生田土壤性质变化。秸秆还田后对土壤物理性质有一定影响,与免耕处理相比降低了土壤容重,但其他耕作处理间效果不显著(图 5-6),且秸秆腐解后为土壤带入养分,从而提高土壤速效养分含量。

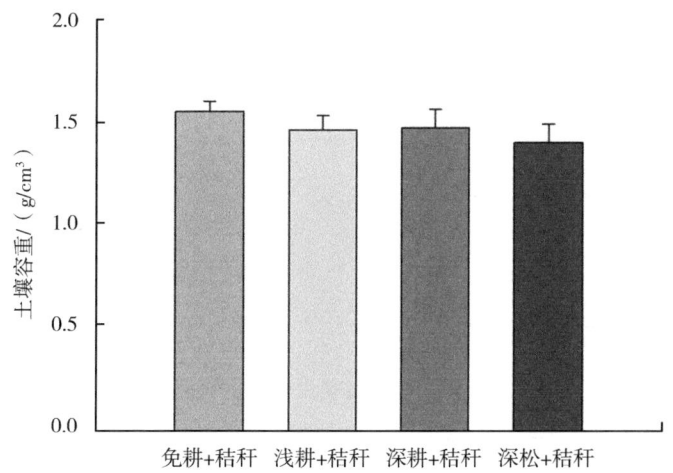

图 5-6 不同处理对土壤容重的影响

二是不同耕作方式下，深耕和深松明显促进了花生植株的生长发育。较免耕处理，花生植株主茎高、侧枝长、分枝数均明显增加，浅耕和深耕处理主茎高和侧枝长比免耕高20.3%~30.2%，深松比免耕主茎高和侧枝长增加幅度较小，分别为6.5%和7.9%（图5-7），秸秆还田配合深耕、深松花生植株性状及荚果性状有所影响，但效果不显著。

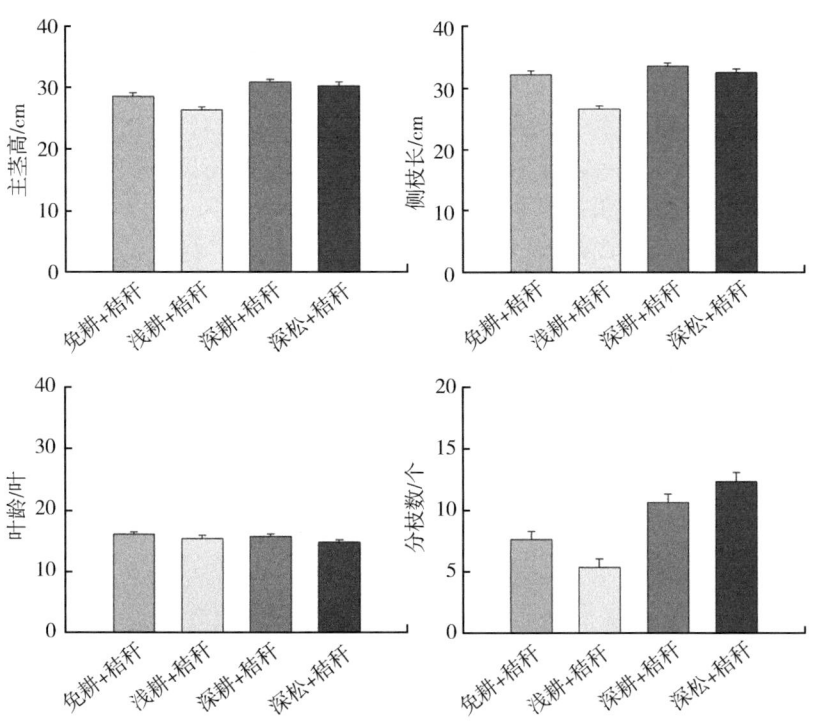

图5-7 不同处理对花生植株生长的影响

三是不同耕作方式下，浅耕、深耕及深松促进了干物质积累及产量提高。植株干物质积累影响主要表现在籽仁部干物质重显著提高,深耕最佳,其次为浅耕和深松,对植株营养器官干物质积累各耕作处理差异不明显;由于深耕、深松和浅耕显著提高了籽仁干物质重,从而产量显著提高(图5-8)。秸秆还田后,显著提高浅耕营养器官干物质积累,深耕和深松处理营养器官干物质重有所降低,但籽仁干物质重明显提高,产量方面,浅耕、深耕、深松相较免耕分别增产 1 621 kg/hm²、1 523.8 kg/hm²、763.6 kg/hm²,表现为秸秆还田结合深松处理增产效果最好。

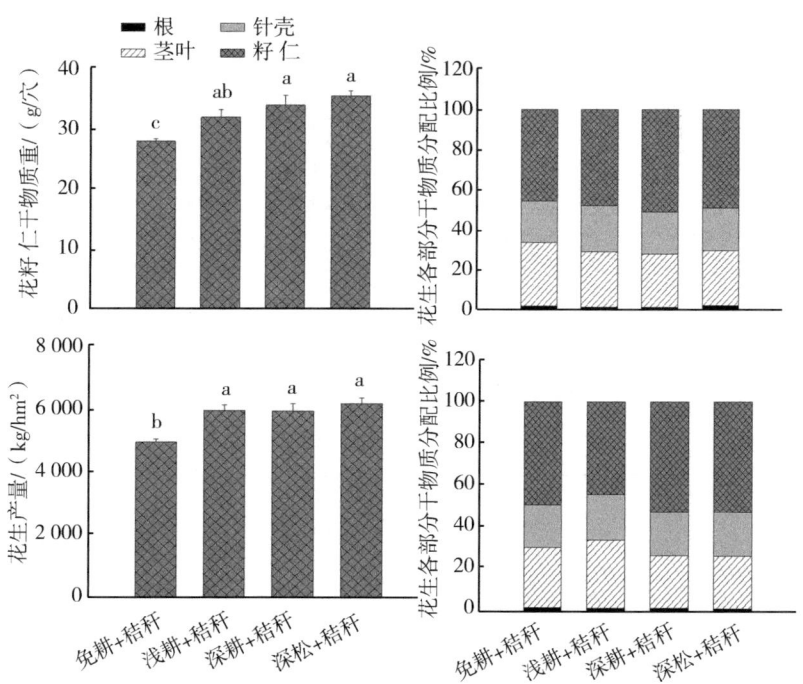

图 5-8 不同处理对籽仁干物重及产量的影响

注:不同小写字母表示差异显著。

四是土壤速效养分与植株养分吸收有较高相关性,土壤速效养分影响花生植株对养分的吸收。不同耕作方式下,浅耕、深耕和深松提高了花生植株氮总吸收量,且浅耕、深耕和深松秸秆还田后,各耕作处理植株氮吸收量显著增加(图5-9),且籽仁中养分比例增加,促进了养分向植株籽仁转移。

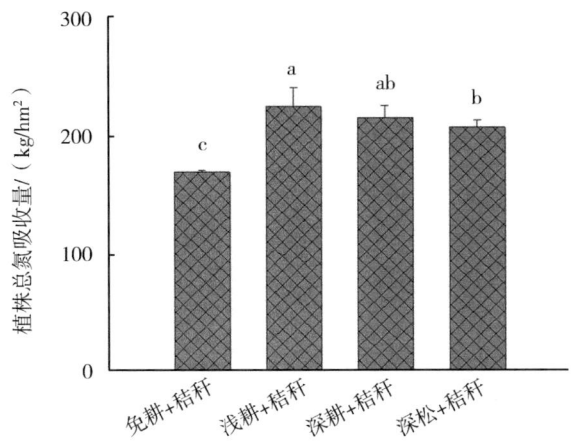

图5-9　各处理对花生总氮素吸收的影响

注:不同小写字母表示差异显著。

第六章　土壤-作物系统养分增效的微生物驱动机制与调控

土壤中生活着的微生物包括真菌、细菌、放线菌等，它们参与土壤腐殖酸的形成与转化、土壤汇总营养物质的循环等过程，在改善土壤结构、提高土壤肥力、促进植物对营养物质的吸收利用等方面发挥着非常重要的作用。土壤微生物不仅对土壤养分的储存和有效释放起到调节作用，还与植物根系联系密切。根系分泌物影响根际微生物多样性，反之根际微生物对植株根系分泌物也起到一定的调节作用，同时还能改变植株根际营养状况。微生物还可与植物根系形成共生结构，增强植株抗逆性，进而促进植株生长发育。由此可见，土壤微生物在土壤-作物系统中发挥着重要的作用。

一、磷酸酶对土壤养分、微生物及植株生长的调控作用

土壤的营养成分与花生产量密切相关。花生对磷的需求量很大，土壤有效磷含量对花生生长和产量至关重要（Wu et al.，2022）。磷元素常常容易被土壤中带正电荷的离子固定而不能被根系吸收，花生田有效磷含量低是阻碍花生生长和产量提高的主要因素。土壤中充足的有效磷可以显著提高花生产量和质量（Pourranjbari et al.，2019）。低磷胁迫条件下，根系除了通过形态调整以扩大吸收面积，还可通过增加酸性磷酸酶（ACP）的分泌，将根际土壤中难溶磷转化为可吸收的有效磷，以缓解低磷胁迫对植株生长的抑制（Oldroyd et al.，2020 年）。研究表明，低磷胁迫条件下花生根系以及土壤中酸性磷酸酶的含量都显著上升（Wu et al.，2022），当在低磷土壤中添加酸性磷酸酶后，根酸性磷酸酶活

性和土壤酸性磷酸酶活性显著下降，土壤中有效磷和有效氮含量显著增加（图6-1），在缺磷胁迫缓解的同时，植株的光合作用增强（图6-2），由于缺磷状况在加入酸性磷酸酶后有一定缓解，花生植株全磷含量及各组织干重都有所增加（图6-3），植株受缺磷限制造成主茎和侧枝徒长的生长情况有明显缓解（图6-4）。

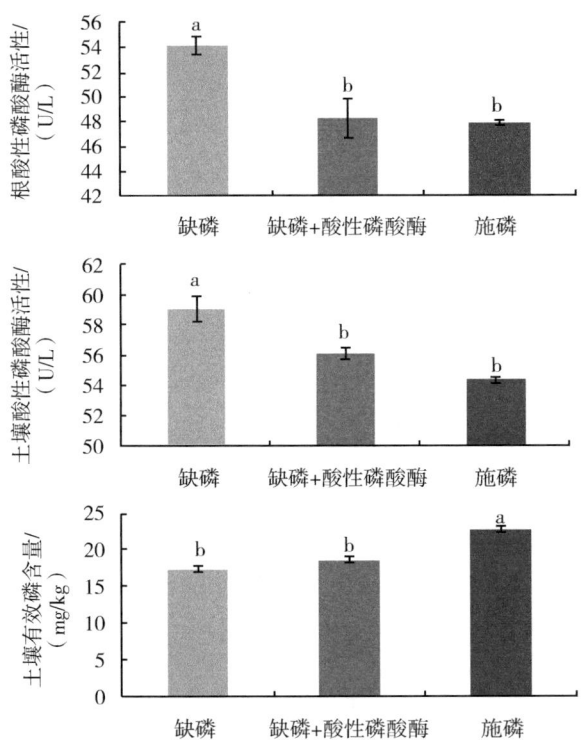

图6-1 土壤中施加酸性磷酸酶对土壤养分的影响

注：不同小写字母表示差异显著。

同时，磷和氮的吸收是相互依存、相互影响，共同推动生长过程中营养获取的协调性。低磷胁迫对氮的吸收和同化产生负面影响。虽然花生依赖共生固氮来满足其来自大气和根际土壤的氮需

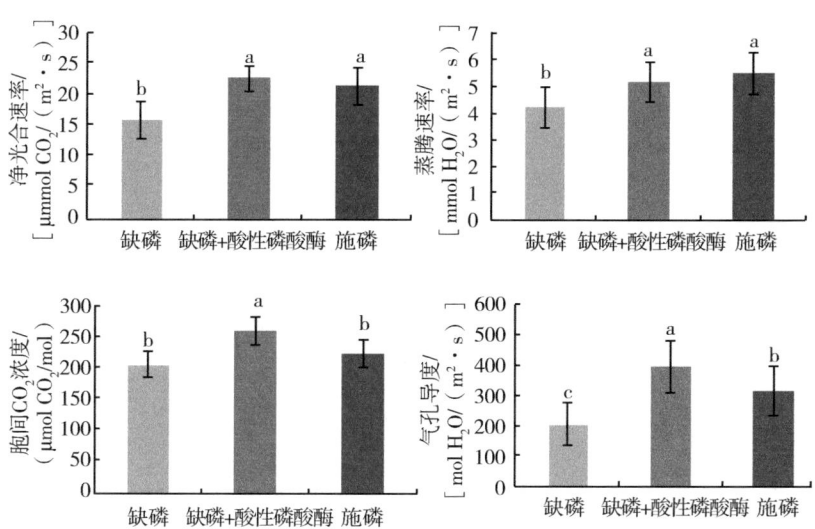

图 6-2　土壤中施加酸性磷酸酶对光合作用的影响

注：不同小写字母表示差异显著。

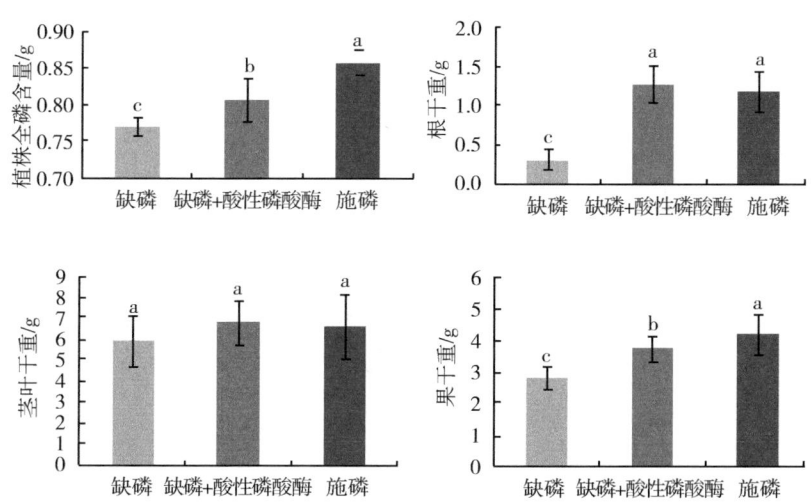

图 6-3　土壤中施加酸性磷酸酶对植株磷含量和各组织干重的影响

注：不同小写字母表示差异显著。

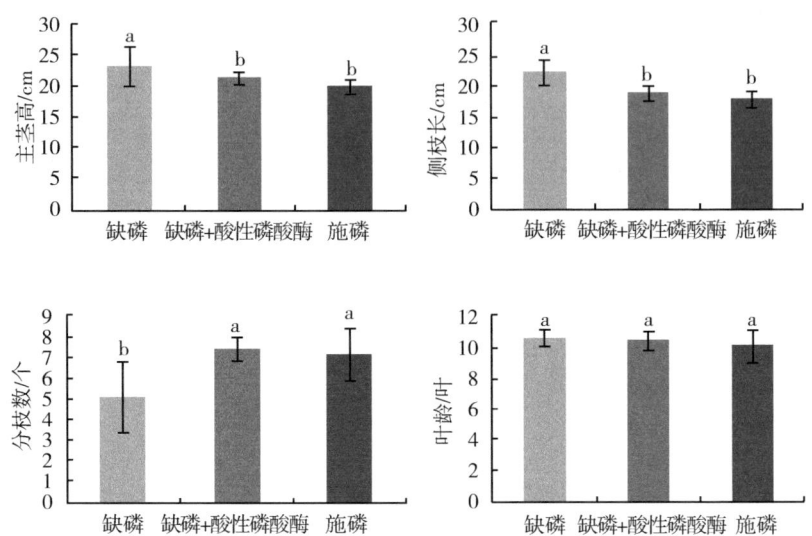

图 6-4　土壤中施加酸性磷酸酶对植株生长指标的影响

注：不同小写字母表示差异显著。

求，但低磷水平不仅阻碍了植物获取氮，而且阻碍了根瘤菌的活性、固氮能力和结瘤。相反，充足的有效磷可以为根瘤菌的固氮提供能量，显著促进其生长发育（Tang et al., 2001）。结果表明，低磷胁迫下添加酸性磷酸酶后，土壤中有效氮含量显著增加，磷供应不足情况下，添加酸性磷酸酶的效果要优于直接施磷，同时植株总氮含量都显著增加（图 6-5）。就花生根系结瘤情况而言，与低磷胁迫相比，添加酸性磷酸酶处理和施磷处理均能显著促进根系结瘤（图 6-6），由此可见，低磷胁迫下添加酸性磷酸酶可以有效缓解土壤低磷胁迫，促进植物生长发育。

此外，酸性磷酸酶添加有助于根际土壤中的植物有益微生物群落的构建（Prasad et al., 2018）。溶磷细菌（PSB）是一种生态友好的植物生长促进细菌（PGPB），可通过分泌有机酸、磷酸酶和植酸酶等将不溶性磷转化为可溶性磷，在增加土壤有效磷含量方面

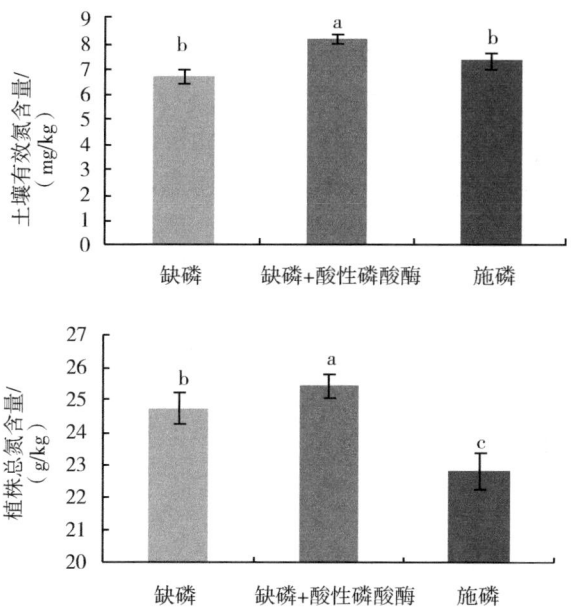

图6-5 土壤中施加酸性磷酸酶对土壤有效氮及植株总氮含量的影响

注：不同小写字母表示差异显著。

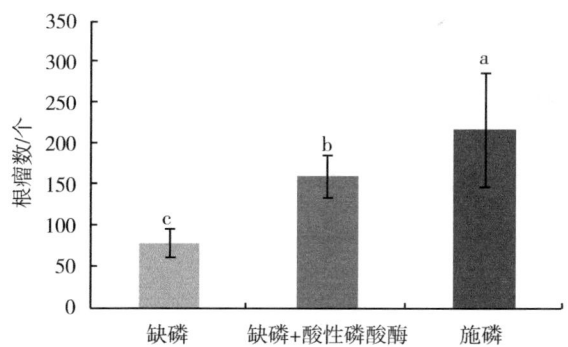

图6-6 土壤中施加酸性磷酸酶对根瘤数量的影响

注：不同小写字母表示差异显著。

发挥着重要作用（Hussain et al.，2019）。溶磷细菌的接种实验表明，即使减少施肥，也能促进植株生长，提高产量，增加磷吸收，提高植株对病原体的抵抗力（Hussain et al.，2019）。花生根际主要的解磷菌包括放线菌门、芽单胞菌门和变形菌门，以及链霉菌属、假单胞菌属、芽单胞菌属和慢生根瘤菌属（图6-7）。研究表明，当在低磷土壤中添加酸性磷酸酶后，解磷菌群落的Shannon指数在添加酸性磷酸酶处理组和正常营养组（施磷组）没有显著差异（图6-8），β-多样性比低磷胁迫组有显著增加，其增加的趋势更倾向于正常营养组（施磷组）。酸性磷酸酶的添加更有利于根际解磷菌的生长繁殖，促进植物营养吸收。

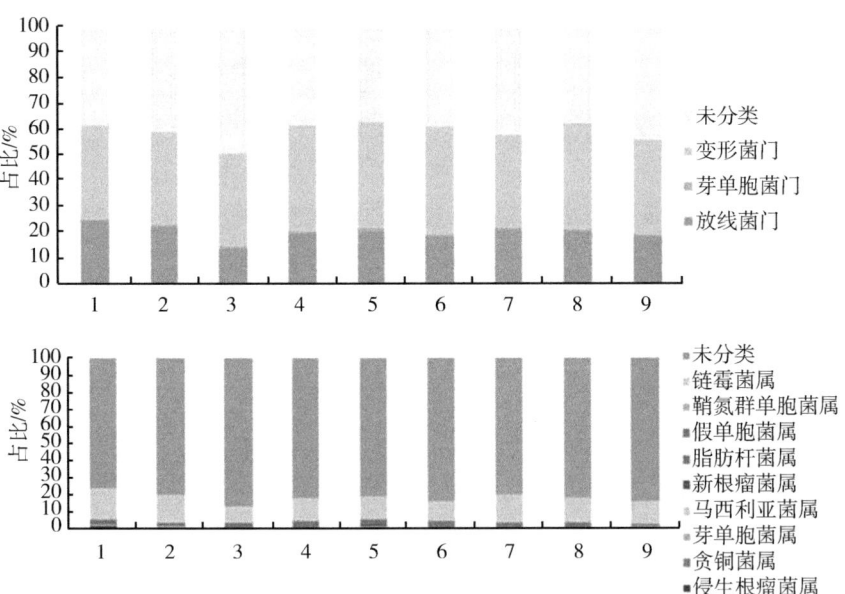

图6-7 不同处理组解磷菌在门水平和属水平上的组成

注：1、2、3为缺磷处理；4、5、6为缺磷+酸性磷酸酶处理；7、8、9为施磷处理。

另外，固氮菌（NFB）群落，包括根瘤菌和非根瘤菌NFB

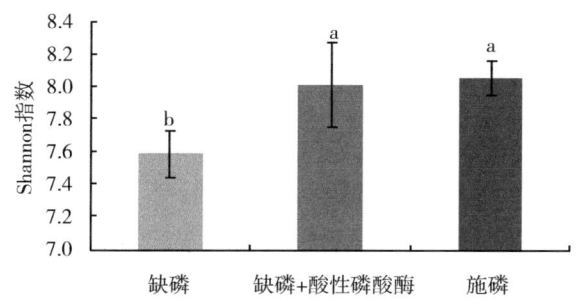

图 6-8 不同处理解磷菌 Shannon 指数变化情况

注：不同小写字母表示差异显著。

（在根际土壤中自由生活，但不形成根瘤），在土壤氮循环中发挥着至关重要的作用。豆科作物为共生根瘤菌提供所需的营养，促进相互生存（de Lajudie et al., 2019；Santoyo et al., 2021）。花生是典型的结瘤豆科作物，生物固氮过程对根系发育和氮吸收尤为重要，涉及与根瘤菌的共生关系，根瘤菌以其形成根瘤和共生固氮的能力而闻名。这种相互作用在花生中诱导共生反应，导致根瘤形成，从而发挥固氮作用。研究表明，花生根际固氮菌群主要包括变形菌门、疣菌门和放线菌门，以及氮单胞菌属、假单胞菌属、慢生根瘤菌属、固氮菌属、甲基孢囊菌属和偶氮螺菌属6个主要的属（图 6-9）。相比低磷胁迫土壤，同时发现，偶氮螺菌属的相对丰度在低磷胁迫处理组中显著降低，在酸性磷酸酶添加组显著增加。大量报告表明，偶氮螺菌属通过促进抗性相关植物激素的合成和介导信号，有助于固氮并增强植物对各种生物和非生物胁迫的系统抗性（Fukami et al., 2018），应用偶氮螺菌属固氮菌可改善作物的营养吸收、生长、抗性，并获得更高的产量（Pereg et al., 2016）。表明酸性磷酸酶的添加缓解了低磷抑制的不利环境，有可能通过酶促反应催化更多的有效磷来抵御低磷胁迫环境，更有利于植物有益菌的繁殖，从而促进植株生长发育。

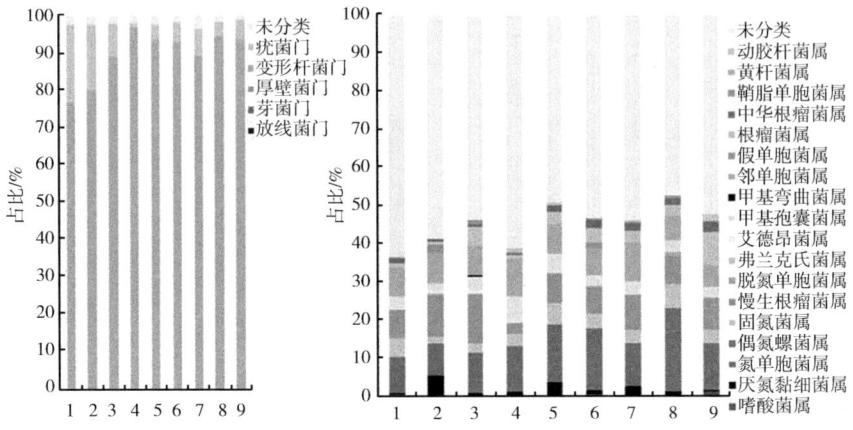

图 6-9　不同处理组固氮菌在门水平和属水平上的群落组成

注：1、2、3 为缺磷处理；4、5、6 为缺磷+酸性磷酸酶处理；7、8、9 为施磷处理。

二、硝化抑制剂对土壤养分及微生物的调控作用

农业生产中施用化肥是作物增产的关键，尿素因其高氮含量（45%~46%）被广泛使用。然而，长期大量施用氮肥，会造成土壤硝态氮的积累，且土壤中硝态氮含量会随着施氮量的增加而增加，硝态氮不易被土壤胶体吸附，除少部分被植株吸收利用外，大部分硝态氮会随灌溉和雨水淋失，或通过硝化-反硝化作用转变为氮氧化物排放到大气中（Sun et al.，2016）。硝化抑制剂或脲酶抑制剂可抑制土壤亚硝化和硝化作用，减缓铵态氮向硝态氮的转变，减少淋溶损失，提高氮素利率。

脲酶抑制剂（UI）和硝化抑制剂（Nis）统称为抑制剂。水解尿素的脲酶具有绝对的特异性和更快的催化反应速度，它在短时间内产生大量的铵态氮，可导致氨挥发损失严重。通过暂时阻止脲酶分解尿素，脲酶抑制剂可以使更多的 NH_3/NH_4^+ 可供植物吸收来减少挥发，从而有效提高作物产量和氮利用率。硝化抑制剂是指一类

能够抑制铵态氮转化为硝态氮的化学物质。土壤中加入硝化抑制剂可减少硝态氮的累积,减少氮肥以硝态氮形式的损失,对提高氮肥利用率有促进作用。硝化作用通过亚硝酸盐(NO_2^-)将 NH_4^+ 转化为 NO_3^-,是土壤中 NH_3 或 NH_4^+ 转化的下一步。硝化可分为氨氧化和亚硝酸盐氧化两个步骤,前者是硝化的限速步骤。氨氧化过程可分为两个步骤:$NH_3 \rightarrow NH_2OH \rightarrow NO_2^-$,分别由氨单加氧酶(AMO)和氧化还原酶(HAO)催化(Caranto and Lancaster, 2017)。氨单加氧酶是一种细胞内酶,由基因 *amoA*、*amoB* 和 *amoC* 编码的 3 个亚基组成。氨氧化菌(AOB)和氨氧化古菌(AOA)作为氨氧化的主要有益菌,都含有编码氨单加氧酶的 3 个基因。研究表明,土壤中添加硝化抑制剂后,抑制剂处理下的土壤无机氮含量相对较低(图 6-10),全量尿素处理导致土壤 NH_4^+-N

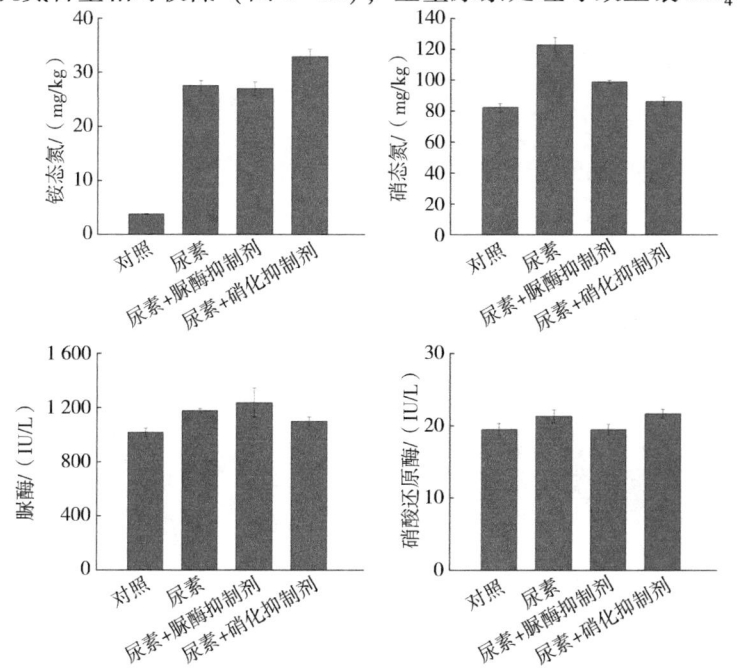

图 6-10 抑制剂对土壤理化性质的影响(Meng et al., 2023)

和 $NO_3^- $-N 含量较不施氮处理的对照显著升高。而在加入抑制剂后，土壤 NH_4^+-N 和 NO_3^--N 含量显著降低。对于 NO_3^--N，脲酶抑制剂处理后残留量显著降低，脲酶抑制剂处理后较施用尿素处理显著降低 29.9%。单独使用尿素和抑制剂对土壤脲酶活性的影响最好。施用硝化抑制剂后土壤硝酸还原酶活性最高（Meng et al.，2023）。由此可见，土壤中施用抑制剂后可降低氮素分解损失，提高土壤酶活性。

加入抑制剂可显著增加根长（图 6-11），与对照和单施尿素相比，施用抑制剂可明显促进花生根系的生长，根长变长，根尖数增

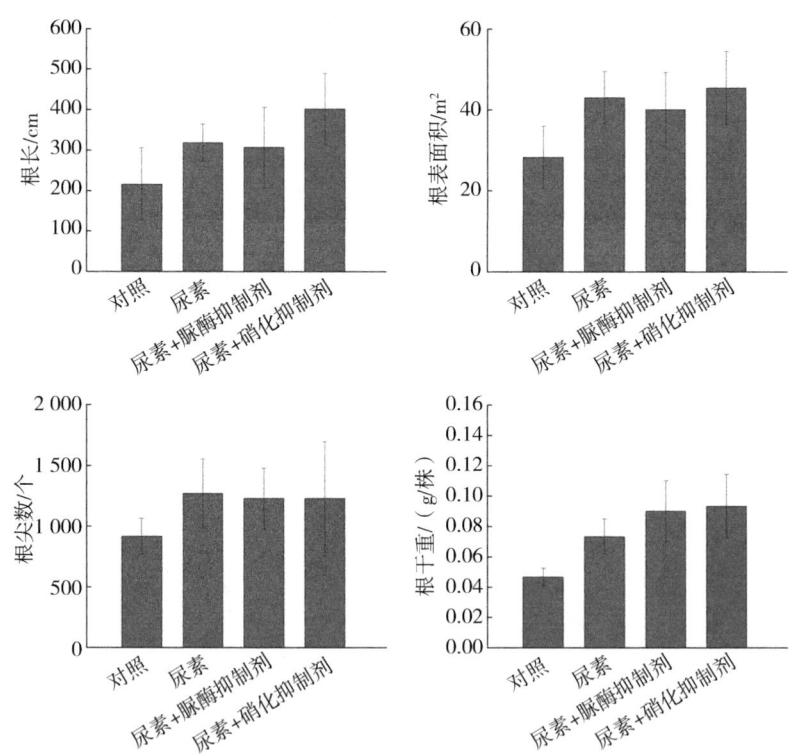

图 6-11 施用抑制剂对花生根系性状的影响（Meng et al.，2023）

加，根干重较单施尿素增加了28%。由此可见，在施肥的同时施用抑制剂可明显降低氮损失，促进植株对氮的吸收利用，进而促进作物根系生长。

施用氮肥改善了花生的氮素积累，在尿素中加入硝化抑制剂或脲酶抑制剂后植株氮积累量存在明显差异，与对照相比，花生植株氮素利用率显著升高。与单施尿素相比，在添加抑制剂的情况下氮肥利用率分别增加了11.8%和24.9%。这表明抑制剂和氮肥同时施用可以显著增加氮素转用及氮吸收效率（图6-12）。

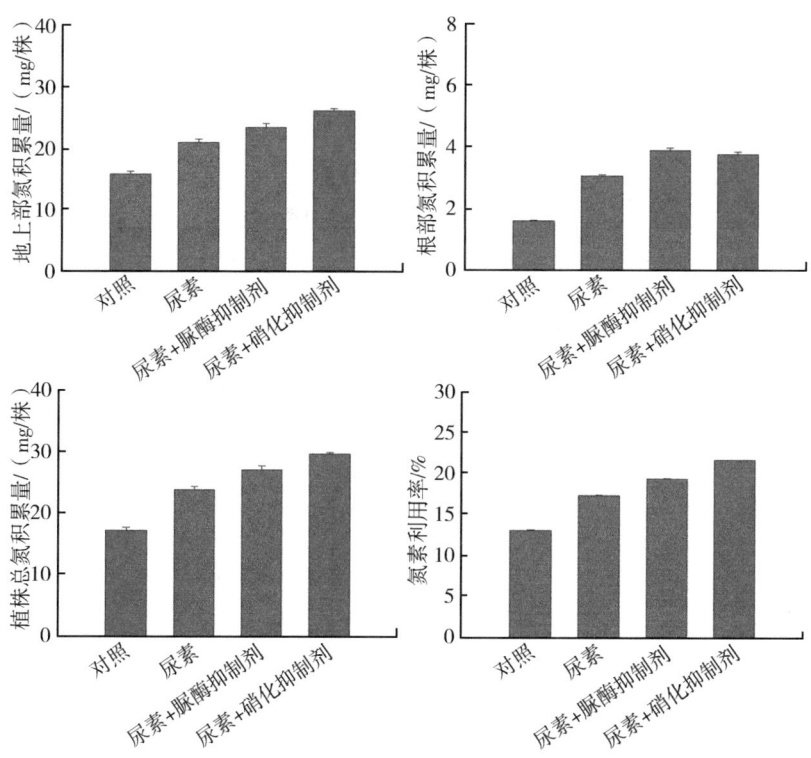

图6-12 不同处理氮吸收效率差异（Meng et al., 2023）

不同类型氮肥和抑制剂添加对土壤氮相关细菌也有显著影响。施氮处理对对照、单施尿素处理下的AOA和AOB群落结构有较大影响（图6-13、图6-14）。硝化螺旋菌属、细菌属和亚硝化弧菌属的相对丰度增加。此外，添加了抑制剂的AOB群落结构与未添加抑制剂的差异显著，硝化螺旋菌属和亚硝化弧菌属的数量明显减少。其中，添加脲酶抑制剂和硝化抑制剂处理的相对丰度较单施尿素处理分别下降了14.7%和46.9%。此外，硝化抑制剂的添加降低了细菌属的相对丰度，增加了β变形菌属的丰度。

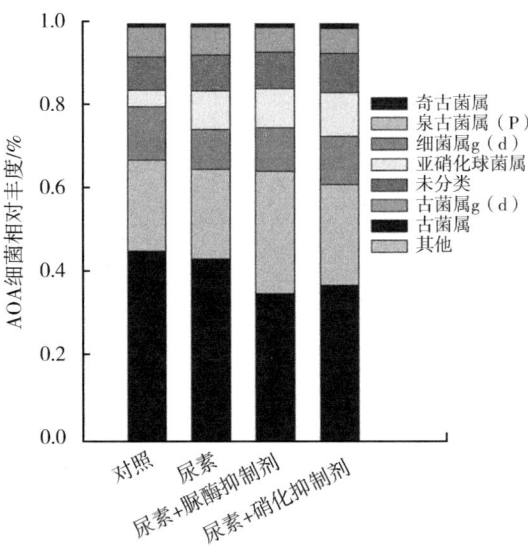

图6-13 不同处理对AOA细菌丰度的影响（Meng et al., 2023）

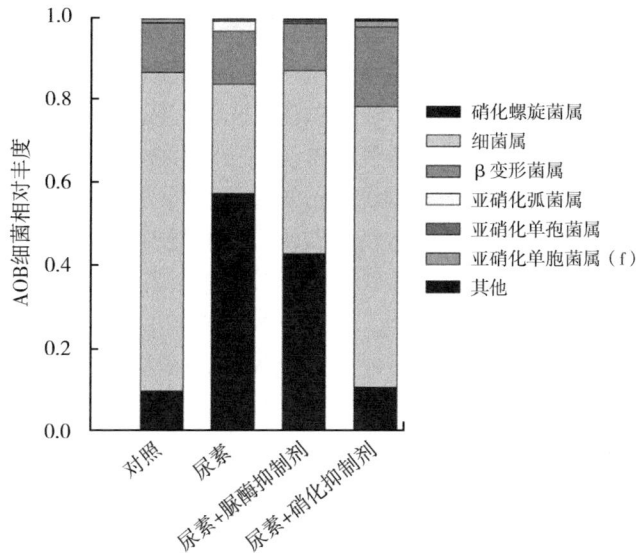

图 6-14 不同处理下 AOB 菌群相对丰度的影响（Meng et al., 2023）

三、土壤根际通气对微生物及根系生长的调控作用

土壤通气性直接影响土壤肥力有效利用，进而影响作物生长。土壤通气不良，则氧气不足，将抑制作物根系呼吸作用，进而减弱根系吸收水肥的能力。花生根系是植株接触土壤的器官，对土壤通气性极其敏感。现代农业生产中，高强度的作业和耕作方式不当导致土壤质量下降，土壤通气性差，严重制约了作物的生长发育。

生产上，土壤紧实板结是影响土壤通气性的原因之一，对植物根系形态和生长、水分和养分吸收、碳水化合物含量和酶活性产生有害影响。究其原因，是因为土壤紧实条件下根际土壤渗透性和根系渗透能力均较差，土壤机械阻力增强，进而导致根系养分吸收能力和植物生长受限。有研究表明，土壤通气或直接向根际注入额外的氧气已被应用于提高紧实条件下根系长度和根系活力（Li et al.,

2016；Niu et al.，2011），例如，使用压缩机将空气注入根际或地下滴灌系统可提高马铃薯吸水率、番茄代谢以及小麦、马铃薯、大豆、棉花、番茄和甜瓜的产量。Nakano（2007）和 Xiao 等（2015）研究发现，由于根际气体扩散的改善，根际通气可提高番茄的根系活性和吸收能力。通气还可缓解土壤缺氧，提高辣椒和石榴的产量（Ben-Noah et al.，2016；Zhang et al.，2017）。

花生是典型的结瘤豆科植物，花生生长常受到土壤紧实胁迫限制，通气可显著改善花生根系结瘤及生长发育。花生根际通气试验结果表明，在开花期和结荚期，根长、根表面积和根体积在通气处理下均增加。开花期，适量通气对花生根长、根表面积、根体积及根尖数促进作用最明显（Liang et al.，2024）。在结荚期，通气处理对根系生长同样具有促进作用，且结荚期通气对根系促进效果更明显。这说明，花生在生产的不同时期，对根际通气状况敏感度不同，适宜通气量对花生根系发育有明显的促进作用（图 6-15）。

根际通气处理在两个生长阶段均提高了植物生物量和根瘤数量，与对照相比，开花期和结荚期通气下花生根系结瘤数量分别增加了 27.33% 和 95.63%。土壤压实条件下，花生根际通气促进了根系生长，从而增加了养分吸收。与对照相比，适量通气条件下植物的总氮积累分别增加了 53.55%（图 6-16）。

土壤通气状况对根系酶活性也有显著影响。通气试验表明，在开花期，与对照相比，土壤根际通气可显著降低超氧化物歧化酶（SOD）、过氧化物酶（POD）、过氧化氢酶（CAT）的活性和丙二醛（MDA）含量，尤其是丙二醛含量显著降低（图 6-17）。结荚期，在通气条件下，CAT 活性和 MDA 浓度的变化与开花期变化情况具有相似的趋势，而 SOD、POD 活性显著增加（图 6-17）（Liang et al.，2024）。这些结果表明，土壤通气状况对花生根系生理酶活产生显著影响，良好的通气可降低 MDA 积累造成的伤害。

在开花期时，通气处理下的根瘤菌和红螺菌的相对丰度高于不通气处理（对照），而在结荚期，通气处理下的伯克霍尔德菌和假

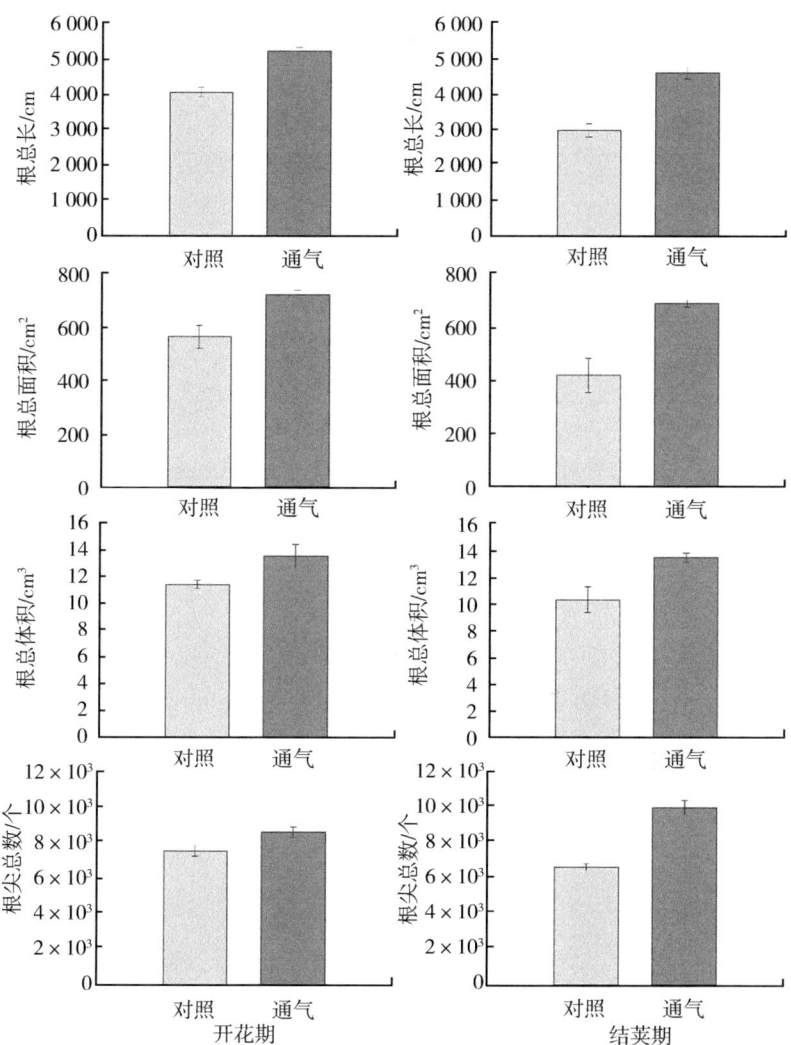

图 6-15 土壤通气对两个阶段花生根系表型的影响（Liang et al., 2024）

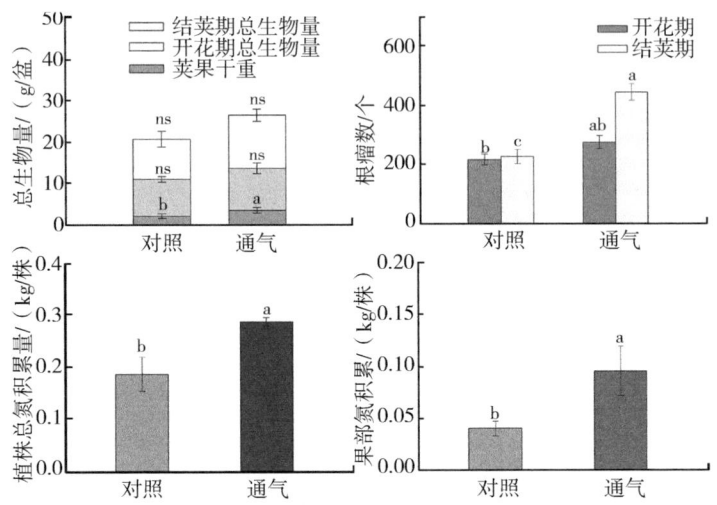

图 6-16　土壤通气对两个阶段花生生理指标的影响（Liang et al., 2024）

注：不同小写字母表示差异显著，ns 表示无显著差异。

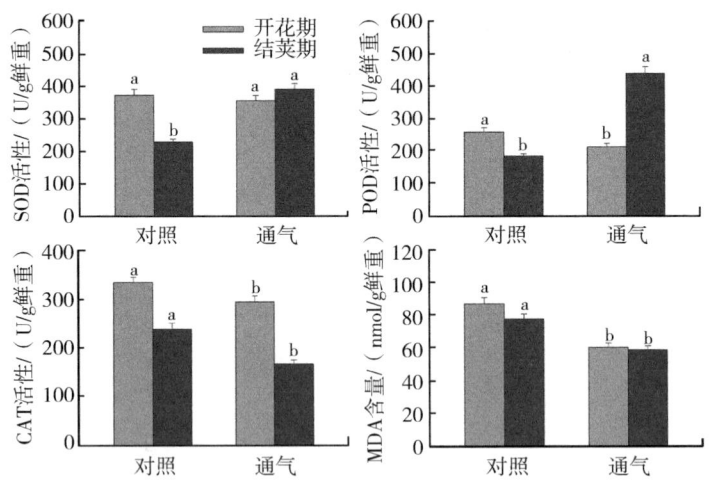

图 6-17　土壤通气处理对花生根系酶活性和 MDA 含量的影响（Liang et al., 2024）

注：不同小写字母表示差异显著。

单胞菌的相对丰度高于对照（图6-18）。此外，在开花期，通气处理慢生根瘤菌、氮螺菌和氮杆菌是相对丰度最高的属，在结荚期，慢生分枝杆菌和氮螺菌是相对丰度最高的属，这表明细菌生长需要适当的 O_2 含量（Liang et al., 2024）。结果表明，土壤通气在保持土壤有益菌群结构方面具有潜在优势，尤其在紧实胁迫下。人工土壤通气可以增加细菌多样性。除此之外，在两个生长阶段，细菌对土壤通气量的反应是不同的，适当的通气量有利于增加细菌丰度。

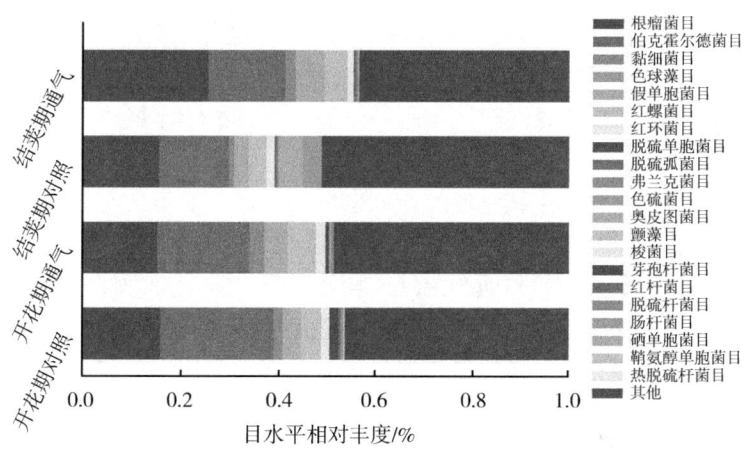

图6-18 土壤通气对两个阶段花生根际菌群相对丰度的影响

四、分区供肥对土壤微生物及植株氮素吸收的调控作用

随着人类对生存环境的日益重视，人们越来越重视农业生产的可持续发展，传统施肥已逐渐被精细定量施肥所取代。随着精细施肥管理的应用，植物对氮的吸收和利用效率大大提高。花生是一种地下结实的植物，不仅可以通过根吸收营养，还可以通过荚果吸收营养物质，如S、Ca、Zn，并转移到地上部（Hou et al., 2022; Zharare et al., 2010）。由于荚果和根的解剖结构不同，荚果的土壤微环境与根际土壤的微环境不同。果区微生物种群密度大于根际土

壤的微生物群落密度（Kloepper and Bowen，1991；Xu et al.，2021）。已有研究表明，通过从根区和果区土壤分离有益微生物可以显著改善根土相互作用，促进土壤养分含量增加，从而促进植物生长。例如，丛枝菌与寄主植物可建立共生系统，通过外部菌丝网络显著促进了寄主植物对水分和养分的吸收和利用（Li et al.，2019）。Xiao 等（2014）在花生荚果周际土壤中分离到对黄曲霉具有拮抗活性的生防菌。土壤中有益根际细菌在保持植物健康方面发挥着非常重要的作用。

Liang 等（2024）试验研究了花生根区和果区分别施肥对土壤微生物群落组成的影响，选用花育 22 号为试验材料，结果表明，在收获期，不同区域施肥处理对花生品种干物质重的影响不同。与对照相比，根际和果际施肥处理间均没有显著差异。而在所有处理中，根际和果际同时施肥对总生物量的改善效果最好。荚重的变化与植株总生物量相似，根际和果际同时施肥（根果施肥）效果最好（图 6-19）。对于植物氮积累量，与其他 3 个处理相比，根果施肥处理使植株总氮积累量分别增加 11.2%、30.1%、9.9%。花育 22 号处理间总氮积累量无差异。与对照相比，茎叶氮积累量没有差异，而根部氮积累量各处理与对照差异显著（图 6-20）。这些结果表明，果际施肥能增强植株对氮的吸收和积累，其中根果施肥对植株干重和氮积累量的影响最大。

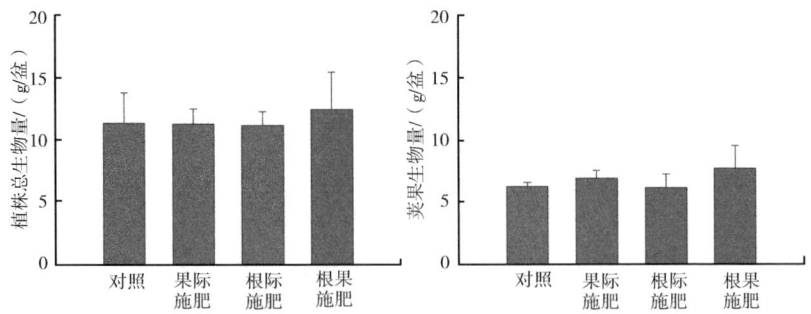

图 6-19 分区施肥对植株和荚果生物量的影响（Liang et al.，2024）

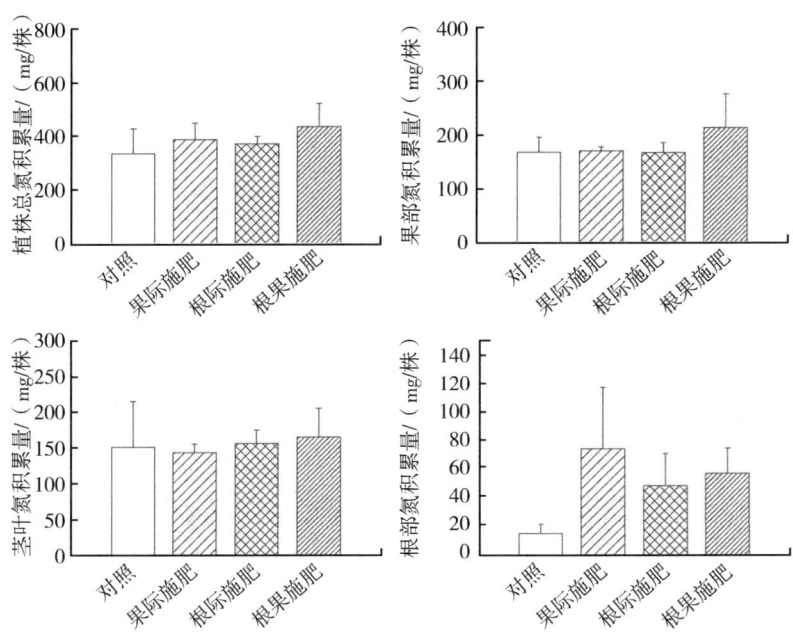

图 6-20　分区施肥对植株氮积累量的影响（Liang et al., 2024）

对不同处理根区和果区微生物群落调查结果显示，与未施用氮处理相比，在果区或根区样品中，ACE 和 Chao1 的细菌丰富度显著高于未施氮对照（图 6-21）。Shannon 指数在果区样品中比根区高，而 Simpson 指数在果区中低，这表明花生果区比根区土壤具有更高的细菌物种多样性。进一步采用主成分分析（PCA）和聚类分析对花生根区和果区细菌组成进行比较。结果表明，根区和果区细菌群落和样品间差异很大（Liang et al., 2024）。

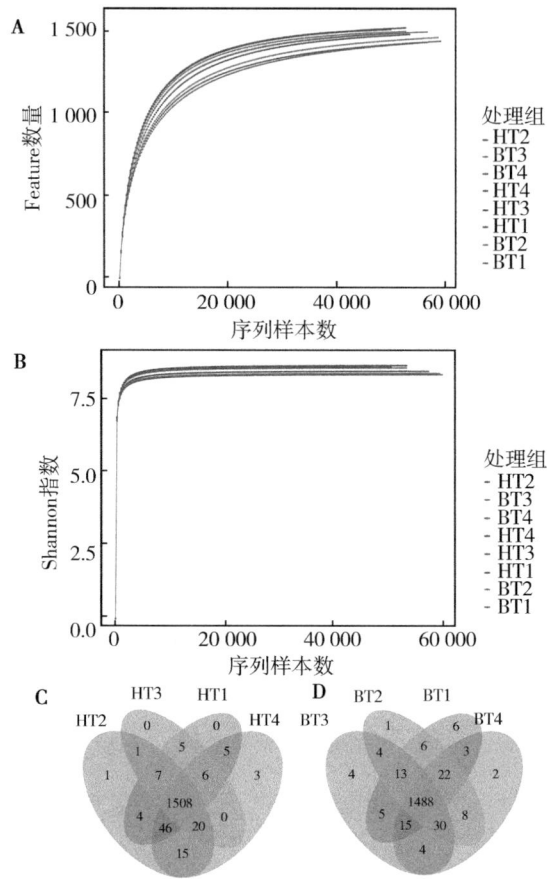

图 6-21 不同施肥处理下根区和果区细菌群落操作分类单元的稀释曲线、Shannon 指数曲线及韦恩图（Liang et al., 2024）

注：A. 稀释曲线；B. Shannon 曲线；C. 结瘤花生品种花育 22 号在不同处理下细菌群落操作分类单元的韦恩图；D. 非结瘤花生品种 NN-1 在不同处理下细菌群落操作分类单元的韦恩图。HT1、HT2、HT3、HT4 分别为结瘤花生品种花育 22 号的全生育期不施肥处理、果际施肥处理、根际施肥处理、根果施肥处理；BT1、BT2、BT3、BT4 分别为非结瘤花生品种 NN-1 的全生育期不施肥处理、果际施肥处理、根际施肥处理、根果施肥处理。

第七章　花生田土壤养分提升及高效利用技术

花生是我国重要的油料作物和经济作物之一，花生栽培实践中，花生田土壤养分活化及高效利用至关重要。为了提升作物产量，研究人员采用多种途径提高土壤养分含量。土壤中的有效磷、速效钾、硝态氮、铵态氮均对作物的生长发育起着重要的调控作用，是反映土壤肥力的重要指标，生产实践中，根据花生田土壤实际情况因地制宜采取相应措施，利用现代科技手段提高土壤耕地质量，在稳定产量的同时提高品质，提高资源利用率以实现花生生产的可持续发展，是当前花生优质高效生产的主要方面。

一、土壤改良与肥力培育技术

1. 旱薄地改良

旱薄地土壤耕层浅，蓄水保墒性差，作物产量低。针对旱薄地土壤耕层问题，开发耕层扩容技术是提高土壤旱薄地土壤水分、养分库容量，进而改善土壤障碍、提升土壤肥力与产能的行之有效的方法。

旱薄地改良技术要点主要有以下 7 点。

（1）合理耕层构建

对旱薄地土层不足 20~30 cm 的田块进行大犁深耕，破除犁底层，既能提高土壤的保墒蓄水能力又有利于根系下扎，提高作物抗旱能力。

（2）合理施肥

合理施肥可提高土壤有机质含量，改土沃土。播前施入有机肥，并结合深翻，使之在土壤中不断腐解转化，改良土壤效果突出。

（3）秸秆还田

秸秆还田可增加土壤有机质含量，活化土壤，从而起到改土沃土的效果。将粉碎的农作物秸秆均匀分布于田地，后采用"水平错位"与"垂直深浅"的深还方式进行秸秆还田。

（4）平整土地

利用圆盘耙对地块进行碎土平整作业。深翻过的田块需用旋耕机进行旋耕，才能使土壤细碎、平整，提高播种质量。

（5）苗带和茬带交替休闲

在苗带和茬带隔年轮换种植，形成交替休闲的耕作方式，可以很好地恢复地力，保证苗带的土壤环境始终处于良好状态。

（6）土壤改良剂的应用

土壤改良剂（如发根力、特优根等产品）施入地块后，能增加土壤团聚体，改善土壤结构，可将分散的土壤颗粒黏结成团状块，使土壤容重下降，孔隙度增加，调节土壤中的水、气、热状况。同时，土壤改良剂还可以将施入地块的矿质营养元素"螯合"起来，减少其随水流失，起到保肥的作用。可根据地块的实际情况，合理使用土壤改良剂，可将其与基肥一块底施，也可配合追肥，进行冲施。

（7）生物有机肥施用

生物有机肥能够改良土壤，改善使用化肥造成的土壤板结，改善土壤理化性状，增强土壤保水、保肥、供肥的能力。生物有机肥中的有益微生物进入土壤后与土壤中微生物形成共生增殖关系，相互作用，相互促进，起到群体的协同作用。有益菌在生长繁殖过程中产生大量的代谢产物，促使有机物的分解转化，能直接或间接为作物提供多种营养和刺激性物质，促进和调控作物生长。生物有机肥可提高土壤孔隙度、通透交换性及植物成活率、增加有益菌和土壤微生物及种群。在作物根系形成的优势有益菌群能抑制有害病原菌繁衍，增强作物抗逆抗病能力，降低重茬作物的病情指数，连年施用可大大缓解连作障碍。减少环境污染，对人、畜、环境安全、无毒，是一种环保型肥料。

2. 障碍性土壤改良

对酸化、盐碱、板结等障碍性花生田土壤进行改良，有利于提高土壤肥力，改善花生生长环境及产量品质。对于酸化土壤，通过施用生石灰或土壤调理剂等措施，使土壤 pH 值达到正常水平。根据土壤酸化程度，生石灰用量控制在 1 000~3 000 kg/hm^2（可分 2~3 年施用），施用农家肥不小于 30 000 kg/hm^2、施用商品有机肥不少于 3 000 kg/hm^2。针对盐碱土，通过工程排盐和生物、化学措施，施用农家肥不少于 15 000 kg/hm^2、施用商品有机肥不少于 1 500 kg/hm^2，应使土壤盐分含量保持在 0.3%以下，pH 值保持在 8.5 以下。

（1）酸化土壤改良

土壤酸化已成为一种严重的环境问题，在我国，酸化土壤面积约占全国陆地总面积的 22.7%（张玲玉等，2019）。由于耕作方式不合理、农药化肥的滥用、土壤污染等，土壤酸化现象日益严重。利用土壤改良剂可以有效地减轻土壤酸化。适当施用合适的改良剂可以改善酸化土壤的理化性质，增强土壤微生物活力，降低土传病害的发生，对农产品的产量和品质提高有促进作用（陈乐等，2020；闫志浩等，2019）。土壤改良剂既能够通过改变土壤环境直接抑制或者促进微生物活性，从而改变土壤微生物群落结构，又可以通过诱导植物产生防御反应和促进土壤微生物竞争、重寄生、分泌抗生素等间接调控土壤微生物群落结构（蔡昆争等，2020）。在防治酸化土传病害方面，改良剂也起到了很大的作用。各种调酸措施都能有效地控制土壤酸化，施用石灰、调理剂和有机肥也可改善土壤 pH 值，其中以石灰和调理剂为最佳。而从土壤肥力提升角度来看，有机肥可明显提高土壤有机质、水解性氮、有效磷和速效钾含量，并提高土壤氮、磷、钾储量。施用石灰及调理剂后，土壤全氮、水解性氮、有机质含量均有所下降。

(2) 板结土壤改良

土壤板结的原因大多数是耕作方式不合理、化肥的过量使用、塑料产品的使用、不合理灌溉等。经过多年的农业研究，土壤板结的解决方法可概括如下：合理的耕翻深度以 35 cm 为宜，有利于保持耕层结构完整，利于作物根系的正常生长（Shen et al., 2019）；秸秆粉碎还田能改善土壤物理性质，可提高土壤有机质含量，增加土壤孔隙度，协调土壤中的水、肥、气、热，为土壤微生物的活动创造良好环境，有利于有机质分解、软化；使用土壤改良调理剂，利用改性改良剂中的二价阳离子，如硅、钙、铁等，与土壤中的有机无机胶体结合，迅速形成土壤团聚体，缓解土壤的板结，提高农作物的根系生长，并调控土壤中的固、液、气相的比例（图7-1）。

图 7-1 耕作措施对土壤状况的改善

二、花生养分高效吸收利用技术

1. 花生根系养分高效利用

根系是植株吸收土壤养分的器官，植物的根系具有可塑性，这种特性决定了根系在土壤空间的分布和可接触的土壤面积大小，以便更好地吸收土壤中的养分，在一定程度上决定了作物的养分吸收能力（图7-2、图7-3）。因此，保持作物根系良好构型、提高根系营养元素吸收能力是作物增产增效的关键。作物体内矿质元素大部分依靠根系吸收,根系的形态特征直接影响根系与土壤的接触面积,影响作物从土壤中吸收水分和各种营养元素。

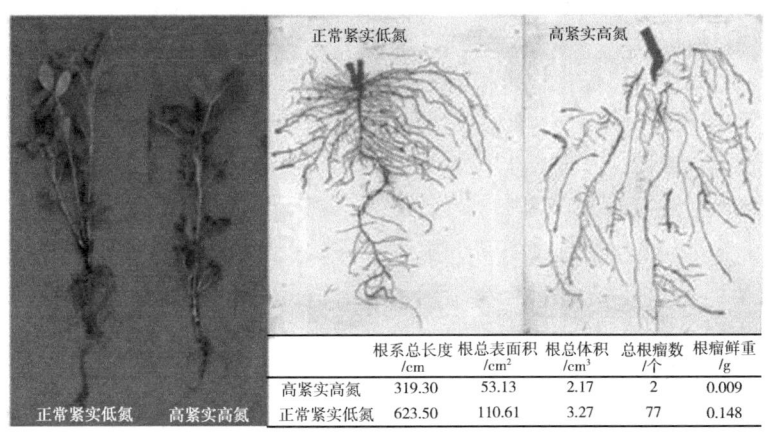

图7-2 花生根系对氮素及土壤紧实度的响应

图7-3 花生根系对磷状况的响应

生产实践中合理耕作及肥料运筹是保持良好根系的关键,研究表明，缺氮和缺磷均对根系的伸长生长、分布密度、形状结构等有胁迫作用，适量施氮和磷可以促进花生根系发育，使根系总长度、体积、表面积及根尖数量均较缺素下明显增加（吴琪等，2022）。因此，合理施肥是提升花生根系生长的关键，在种植前，应进行土壤处理，施用有机物料以提升土壤肥力，并在此基础上合理施用氮肥和磷肥，同时配合钙肥以进一步提升花生根系对养分的吸收和利用效率。土壤板结导致物理结构差同样会对作物根系产生不良影响，在土壤紧实状态下，作物根系主要通过改变其形态或结构来穿透坚硬的土层，根长度、轴向根和水平侧根数量会明显减少；同时，根系吸收能力也发生变化，对养分、水分的吸收能力下降，根系干物质积累量、根系表面积和根系活力下降。因此，改善土壤结构是使根系良好生长的基础，山东省农业科学院农业科技创新工程的"花生优质高效栽培关键技术"通过疏松土壤、增加养分、改善微生物菌群结构，促进花生根系深层生长，提高抗旱抗涝能力和防虫效果，从而提高了花生根系发育和最终产量提升。此外，利用微生物间相互作用，实行作物间作，比如花生/玉米间作可富集产铁载体功能微生物，改善花生根系铁营养，从而提升产量。由此可见，花生生产中，应通过合理的栽培措施提高花生根系养分吸收能力，进而提高花生产量品质，重点加强品种选用、调控根系生长发育、防止根系逆境条件及减少根系病虫害发生等方面的措施。

2. 花生叶面养分高效吸收

叶面施肥是现代集约化农业中一项有效的营养调控技术。较传统土壤施肥具有一定的优势：①叶面施肥吸收快，可迅速被植物的叶片吸收，特别是对于那些根系吸收能力较弱或土壤条件不利于养分吸收的情况；②叶面施肥的肥料利用率较高，因为肥料直接作用于植物，减少了在土壤中的固定和流失；③针对性强，可以根据植物的生长阶段和特定营养需求，选择相应的肥料进行叶面施肥，实现精准施肥；④节约成本，由于叶面施肥的高效率，通常所需的肥料用量比土壤施肥要少，从而节约成本；⑤减少土壤污染，减少土壤施肥可以降低土壤中肥料的过量积累，减少对土壤结构和微生物生态的负面影响；⑥改善土壤条件，叶面施肥可以减少对土壤的耕作，有助于保持土壤结构，减少侵蚀和压实；⑦提高作物抗逆性，某些叶面肥料中含有的微量元素和生长调节物质可以增强作物的抗逆性，如抗旱、抗病等；⑧促进生长和提高产量，叶面施肥可以及时补充植物所需的营养，促进植物生长，提高产量和品质；⑨灵活性高，叶面施肥可以根据天气、土壤条件和植物生长状况灵活调整，适应性强；⑩减少根部病害，避免土壤施肥可能导致的根部病害传播，因为叶面施肥不直接接触植物根系。

研究表明，叶面喷施尿素，花生茎叶氮累积量增加约80%，而根部氮累积量下降14.18%，花生根系长度、表面积及体积显著降低，尤其是直径<0.5 mm的根长、根表面积分别下降24.14%和14.95%。喷施尿素的处理，花生叶面积、SPAD值和净光合速率分别增加25.93%、34.63%和53.02%。主成分分析表明，叶面喷施尿素显著促进了花生氮素吸收与地上部叶片性状，抑制地下部根系发育，降低根冠比。因此，在土壤供肥能力较低的土壤上，尤其是丘陵旱薄地，叶面喷氮肥是调节花生营养代谢、弥补根系吸收能力不足、促进花生生育的有效途径（罗盛等，2015）。尽管叶面施肥有许多优点，但实际生产中它不能完全取代土壤施肥，两者通常结合使用，以确保植物获得全面均衡的营养（图7-4）。

另外，应综合作物生长状况、产量提升、品质改善等指标对叶面施肥效果进行评估，借助先进技术手段，精准监测施肥前后变化，创新评估方法，实现科学决策，提升施肥效率。叶面施肥发展趋势在于提高肥料利用率，减少环境污染。未来，智能化、精准化的叶面施肥技术将得到广泛应用，在促进作物生长、提高产量和品质的同时降低生产成本，推动农业可持续发展。

3. 花生荚果养分高效吸收

花生荚果的养分高效吸收是花生生产和育种研究中的一个重要

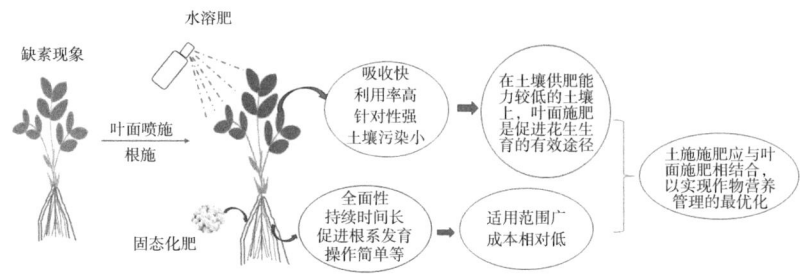

图 7-4 叶面肥与土壤施肥对比

方向。研究已证明,花生可直接通过果荚吸收营养物质(Liang et al.,2024),例如,花生通过荚果吸收钙、硫、锌等元素,并进一步将其转移到茎芽,这一现象是花生特有的。Liang 等(2024)通过根果分离装置研究花生荚果养分吸收状况发现,花生荚果也可吸收少量氮素。因此生产中可通过增加荚果养分吸收,来促进花生荚果发育,提高产量(图 7-5)。以下是对未来花生荚果营养高效吸收研究的一些展望。

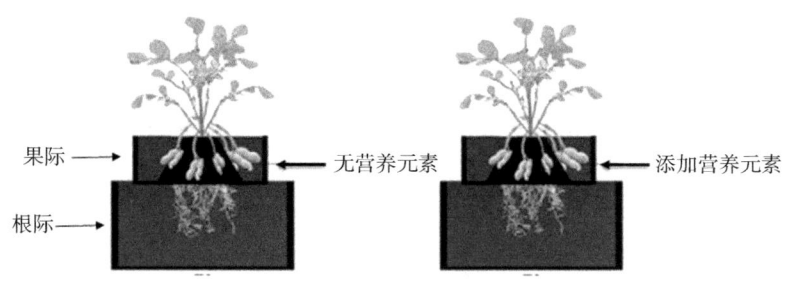

图 7-5 花生根果分离营养物质吸收装置

(1)功能基因的挖掘与应用

通过基因组学和分子生物学手段,挖掘控制花生荚果大小、果重等性状的功能基因,并通过基因编辑等技术改良花生品种,提高其营养吸收效率。

（2）表观遗传学研究

深入研究 DNA 甲基化等表观遗传修饰在花生荚果发育中的作用，通过调控这些修饰来改善花生的营养吸收和利用。

（3）钙素吸收机制的解析

继续研究花生荚果钙素的吸收机制，包括主动吸收过程、运输途径以及质外体和共质体的作用，以提高钙素的利用效率。

（4）营养元素协同作用研究

探索不同营养元素（如氮、磷、钾、钙）在花生荚果中的协同作用机制，以实现更高效的营养管理。

（5）根系与荚果相互作用

研究花生根系与荚果之间的相互作用，了解根系如何影响荚果的营养吸收和生长发育。

（6）栽培技术优化

结合土壤施肥和叶面施肥等栽培技术，优化花生的营养管理，提高营养元素的吸收和利用效率。通过这些研究方向的深入，未来有望培育出营养吸收更高效、产量和品质更优的花生新品种，提高花生生产的可持续性和经济效益。

三、肥料高效释放与效率提升技术

施用化肥是促进花生生长、提高花生产量的重要手段之一，提高土壤肥料施用及管理技术，是现代农业生产中维持土壤健康、保证作物产量的基本要求。提升肥料释放及效率主要应从以下 5 个方面入手。

（1）精准施肥

根据区域土壤内养分变化，精准控制肥料施用量，提高肥料利用效率，避免资源浪费。由于单位面积内土壤养分分布不均匀，不同位置土壤中养分含量也不同，如果施用相同量的肥料，势必造成一些区域施肥过量或过少的情况，因精准施肥可有效解决这一不足，利用传感器、3S 等现代技术手段建立精准施肥体系，通过地理信息系统实时获取土壤养分信息、农作物生长信息等，可实时调整施肥量，提高肥料利用率。

(2) 灌溉施肥

表面灌溉条件下，将适量肥料融入灌溉水，借助灌溉施肥，节约肥料成本，提高利用率。有滴灌条件的田块，用滴灌系统将肥料带入田块土壤，达到调节土壤养分目的。

(3) 缓/控释肥

缓/控释肥料使用各种机制来控制常规肥料的水溶性。它在保证作物生长养分需求供给的基础上，在一定程度上能协调养分需求的调配，从而达到提高作物产量的目的，因此，被认为是减少肥料流失、提高其综合利用率的最简单、最高效的方法。花生生产中根据花生生育期需肥规律研制花生专用缓/控释肥，可实现全生育期高效供肥，提高肥料利用率。

(4) 研发花生专用缓/控释肥

为了更加符合花生生育期对营养元素的需求，可根据花生需肥规律研发花生专用缓/控释肥（图7-6），提高肥料利用率，减少化肥的气态损失和淋洗损失，延长肥料有效期，从而提升花生产量和

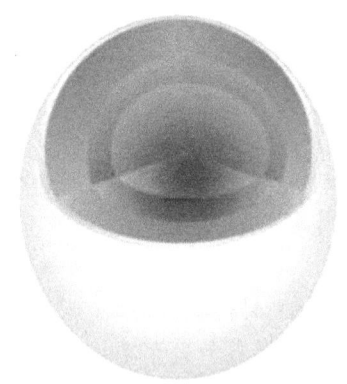 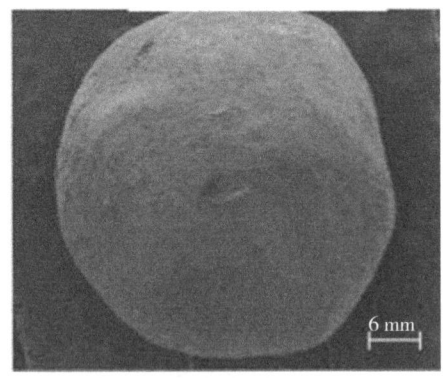

图7-6 花生专用缓释肥海藻酸钠缓释层结构和
颗粒电镜扫描图（Meng et al.，2024）

品质。研究已表明，花生专用肥在减肥量25%条件下，植株干物质及荚果重积累较好。未来花生专用缓/控释肥的展望可以从精准营养供给、环境友好、智能化、多功能一体化定制化肥料产品等方面进行研发与应用，进而朝着更加高效、环保、智能化和定制化的方向发展，以满足现代农业生产的需求，并推动农业的绿色可持续发展。

(5) 脲酶抑制剂和硝化抑制剂

在我国，尿素是最广泛使用的氮肥，使用比例占总氮肥施用量的一半以上。尿素施用到土壤后，在脲酶的作用下迅速水解，易引起由于氮素流失而导致的农业生态环境污染风险。农业生产中，尿素配合使用脲酶抑制剂是一种合理的施氮措施。脲酶抑制剂通过延迟尿素的水解来延迟尿素水解释放，进而减少氨的挥发损失（图7-7）。脲酶

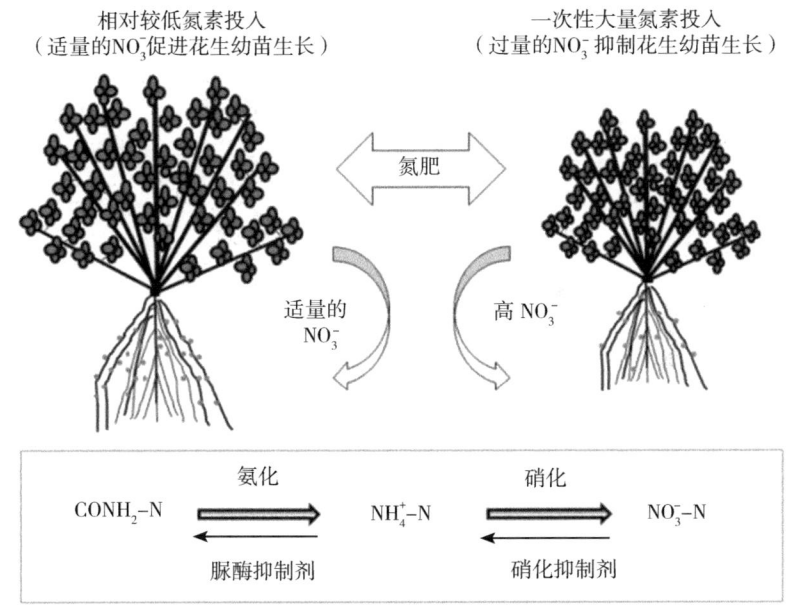

图7-7 抑制剂施用对尿素转化过程及其对花生生长的影响（Meng et al., 2024）

抑制剂在田间的用量大多在 5% 左右，可以达到最好的使用效果。农业生产中，深入了解抑制剂的作用机制，开发更多高效、低成本、环境友好新型抑制剂，通过合理使用脲酶抑制剂和硝化抑制剂，可以提高氮肥利用率，减少环境污染，促进农业可持续发展。

第八章　养分高效利用研究展望

花生作为一种地上开花、地下结果作物，其根系及果实发育均需在土壤中进行，生长发育过程受到土壤养分环境的显著影响。花生田土壤养分的合理高效利用是决定花生高产与优质的关键因素。为实现土壤养分资源的高效利用，过往农业生产实践中采取了多种措施，包括合理施肥、轮作休耕等，旨在提升作物产量与品质。然而，随着农业生产的持续进步，传统土壤养分管理策略已难以适应现代农业发展的需求。近年来，随着新技术与理念的不断涌现，我国在继承传统方法的基础上，进一步提出了更为高效的资源利用技术，例如实时实地氮肥管理技术、缓/控释肥的应用、农田养分精准配方施肥、脲酶抑制剂和硝化抑制剂的施用等，以提升根际土壤养分的生物有效性，促进作物生态系统的持续高效发展。养分资源的高效利用不仅直接影响农业系统的效益和农民的收益，还与我国花生产业的可持续发展密切相关。因此，养分的投入与利用问题成为研究的焦点。未来，花生田养分高效利用的研究应聚焦于以下4个方面。

一、土壤肥力与花生营养高效利用关系

土壤肥力与花生营养高效利用之间存在密切的相互作用关系。土壤肥力水平直接影响花生对各类营养元素的吸收效率。在花生种植前，首先，须明确品种特性，不同品种花生对养分的吸收利用存在显著差异，筛选和培育氮磷及其他元素高效品种，能够更多地利用土壤潜在氮磷，活化氮磷元素以增加根系吸收；其次，要充分了解不同作物的需肥规律及土壤养分状况，按需精准供肥和良种相结

合,提高养分利用率。

优化肥料资源配置,调整氮、磷、钾施用比例。通过政策引导与调控手段,强化区域间肥料资源的优化分配。研究遵循农业报酬递减原理,将有限的化肥资源优先分配至本地田块,尤其是土壤肥力较高的田块,以实现肥料利用效率的最大化。同时,根据各田块土壤的基础地力状况,对化肥中氮、磷、钾的配比进行精细调整,旨在实现农田养分收支的均衡状态。

实施科学施肥策略,依据花生田地力状况,积极推广测土施肥和平衡施肥技术。通过试验、示范和推广活动,综合考量土壤类型、养分时空分布特征、土壤养分现状、农业生产条件、肥料效益及施肥水平等因素。依据养分平衡原则,运用先进技术手段,精确计算不同田块的施肥量,提升化肥定量施用的精确度,尤其是氮肥用量的精准化。同时,强化现有施肥技术的普及,例如氮肥深施、合理施肥时机、使用氮肥增效剂(硝化抑制剂、脲酶抑制剂)、有机无机肥料结合、接种 VA 菌根菌、施用缓/控释肥料等措施,以减少氮素流失、挥发以及磷、钾的固定,充分发挥肥料的后效作用,增加根系与养分的接触面积,促进养分向根系的转移和吸收。

二、土壤物理化学及生物学性质改良

通过综合考虑耕作措施、水肥管理以及种植模式等因素对土壤耕地质量的影响,将花生田土壤物理、化学及生物性质改良技术融入田间管理规范之中,实现操作技术的简便性,进而形成一套能够改善土壤性状、提升土壤肥力、增强保水能力、优化土壤微生态的花生田土壤改良技术体系。

1. 使用土壤调理剂

土壤调理剂的核心作用在于重新聚合破碎的土壤颗粒,形成微小的团粒结构,以恢复土壤的团聚体结构。在实际应用过程中,其操作简便性体现在可于翻耕前后直接将土壤调理剂均匀施用于地表，并随后进行灌溉。在水分作用下，土壤调理剂展现出高度的黏合性，形成微小的团粒，进而构建土壤胶体结构。该结构对于形成稳定土壤团粒结构具有积极作用，能够保障土壤的通气性和保肥性，同时促进植物根系的深入生长。

2. 秸秆还田

秸秆还田技术是指将不适宜直接作为饲料使用的秸秆（包括麦秸、玉米秸和水稻秸秆等）通过直接施用或经过堆肥腐熟后施入土壤的一种农业实践。该技术利用秸秆中丰富的有机物料，在归还农田后，通过自然的腐解过程，将秸秆转化为有机质和速效养分，从而为作物和土壤微生物提供必需的营养素。此外，秸秆还田能够改善土壤的质地和结构，促进土壤团聚体的形成，优化土壤的理化性质，增强土壤的保肥和保水能力。该技术还能促进植物和土壤微生物的生理活性，通过秸秆分解过程中产生的有机酸中和土壤的碱性，发挥土壤改良作用。秸秆还田亦能提升土壤的通透性，增强地力，具备保墒和抑制杂草生长的功能；同时，该技术有助于降解土壤中残留的农药和重金属。

3. 减少化肥施用量，提高肥料利用率

土壤的化学性质与化肥的利用效率紧密相关。当前，众多花生种植区域存在化肥施用过量的问题，这不仅导致了复合肥的利用率降低，而且未被作物吸收的肥料进一步加剧了土壤的盐渍化或酸化现象，对环境造成了潜在的负面影响。因此，在花生的种植过程中，建议减少基肥中复合肥的施用量，并根据作物生长需要适时适量地进行追肥，以确保肥料的吸收和利用效率。

4. 改良土壤生物性状，以菌治菌

在土壤改良与修复的实践中，施加生物菌剂（亦称生物菌肥）已成为一种重要的生态农业技术。在我国，该技术的应用已达到相对成熟的阶段。例如,在缓解土壤连作障碍及重茬问题方面,施用芽孢杆菌制剂能有效减轻土传病害的发生概率,保障作物的健康生长。施用如固氮菌、解磷菌、解钾菌等微生物菌剂,不仅提升土壤中有益微生物的种群数量,而且改善土壤的理化性质,增强土壤的肥力和生态功能。对于那些受到工业污染、农药残留或其他形式污染的土壤,采用生物修复技术,利用特定微生物的代谢能力,对土壤中的有机污染物和重金属等进行有效分解和转化,不仅有助于恢复土壤的自然生态平衡,而且对于推动可持续农业发展具有深远的意义。

土壤改良是一项系统性工程,需从土壤的物理、化学及生物特性3个维度出发,明确改良目标与应用目的,并实施针对性的土壤改良措施。同时,改良过程中应注重其持续性,避免单纯追求速效性。通过全面改良与逐步累积,使土壤质量达到最优状态,以期实现花生的优质、高产以及绿色高效的生产目标。

三、新型肥料及投入品研发与施用

新型肥料研发是运用有效养分高效化产品创新的理论与技术,将传统氮肥、磷肥、钾肥、复合肥等产品转型升级,使其营养功能得到提高或使之具有新的特性和功能,或通过开发新资源、利用新理论、新方法和新技术等,开发肥料新产品类型,以实现稳定高效、绿色增产、环境友好等目标(赵秉强,2012;赵秉强和袁亮,2022)。当前,新型增效肥料主要包括缓/控释肥料、增值肥料、水溶肥料、商品有机肥、微生物肥料等产品类型。

缓/控释肥作为新型肥料的主要类型,具备调控养分释放速率、满足作物需求与施肥量之间基本匹配的特性,能够显著提升化肥利用率、降低化肥对环境的污染。研究发现,相较于一次性施肥,控释肥处理可使荚果产量增加 2.5%~10.8%,氮、磷、钾当季利用率分别提升 3.9%~15.8%、0.6%~4.2%、2.6%~14.2%(张玉树等,2007)。在江西红壤区,施用20%缓/控释肥相较于传统肥料,氮肥利用率和荚果产量分别增加 57.4% 和 5.7%（成艳红等，2014）。在保证与传统肥料相当产量的前提下，缓/控释肥的使用量可比传统肥料降低 20%~25%。未来的研究和开发，应该以花生生长期对营养元素的需求规律为基础，研制出适合花生的专用新型肥料，力争在供给时间和供给强度上达到"精准同步"，以进一步提高肥料的使用效率和作物的产量。

新型商品化有机肥料富含有机质及多种微量元素，具备改良土壤结构、提升土壤肥力的功能。相较于传统化肥，新型有机肥料具有更持久的肥效，能够持续供给作物（如花生）所需的养分，提高养分利用效率。此外，有机肥料还能促进土壤微生物的繁殖与活动，增强土壤的生物学活性，进一步优化土壤生态条件，为作物生长发育营造更为有利的环境。在开发商品化有机肥料的过程中，通过科学配比动植物源性原料，能够制备出营养均衡、结构稳定的有机肥料产品。此外，通过添加特定的微生物菌群，可以进一步提升有机肥料的生物活性，促进土壤中有益微生物的生长，抑制病原菌的繁殖，从而增强土壤的自我修复能力和作物的抗病能力。研究表明，相对传统无机肥，施用商品化有机肥后细菌数量、土壤酶活性有所提高，对于土壤肥力、花生产量提高效果明显（王才斌等，2013）。合理施用有机肥料，需综合考虑土壤类型、作物生长阶段及环境条件等因素。例如，在花生生长初期，通过基肥方式施用有机肥料，以提供充足的营养基础；而在生长中后期，则通过追肥方式补充养分，以满足花生生长发育的需求。同时，结合灌溉系统，实现有机肥料的水肥一体化施用，可更高效地提高肥料利用率，减少养分流失。未来，随着研究的深入和技术的进步，商品化有机肥料将在农业生产和环境保护中发挥更为重要的作用。

生物炭基肥料作为一种新的肥料形式，融合了生物炭与有机或无机肥料的特性，旨在提升土壤的肥力并促进作物健康成长。在生物炭基肥料中，生物炭作为一种高度稳定的碳质材料，不仅能够提升土壤有机质含量、改善土壤结构，还能够增强土壤的水分和养分保持能力。此外，生物炭的多孔性结构为微生物提供了适宜的栖息场所，促进了土壤微生物多样性的增加，进而提升了土壤的生物学活性。Yang等（2024a，b）研究发现，在花生根区和果区施加生物炭不仅能够有效促进花生根系和荚果的发育，还能提升根际和果际土壤中微生物的养分循环功能，促进花生生长发育。与常规化肥相比，以炭为基础的新型肥料能够改善土壤生态条件、增加花生干物质含量以及氮磷钾等营养元素含量，特别是生育后期的果实重量，对花生高产增效有良好的促进作用（徐晓楠等，2018）。生物炭基新型肥料的应用，将为花生等作物的营养高效利用提供新的解决策略，从而推动农业的可持续发展。

  微生物菌肥作为新型肥料备受关注。微生物菌肥通过科学配比不同功能的微生物菌种，能够显著提高土壤中有益微生物的数量与活性，促进作物根系的健康发育与养分的有效吸收。此外，微生物菌肥中的特定菌种能够分泌促进作物生长的次生代谢物质，能够调节作物生长过程中的生理生化反应，提高作物的抗逆性与产量。研究发现，适量微生物菌肥的施入可提升花生产量及品质，增加种植经济效益。在微生物菌肥施入量为900 kg/hm^{2}时，花生荚果及果仁产量、品质即高于全化肥处理。在微生物菌肥施入量为1 200 kg/hm^{2}时，荚果及籽仁产量、品质最佳，种植经济效益最理想（闫林香等，2023）。微生物菌肥作为新型肥料应用于农业生产中，为花生等作物的营养高效利用提供了新的途径，对于推动农业绿色发展具有重要意义。

  近年来，全球范围内进行的多项Meta分析研究揭示，相较于传统化肥的应用，多种新型肥料在提升作物产量的同时，亦能增进肥料的利用效率，降低养分流失。然而，当前市场上各类新型肥料产品的施用效果仍存在显著的不确定性。这一现象主要归因于许多新型肥料产品的农艺原理研究不足，以及其养分高效利用程度仍需进一步提升。此外，产品研发技术和养分配方尚未与不同作物、土壤或气候条件的特定需求实现精确对接，这在一定程度上限制了新型肥料产业的迅速发展。新型肥料相对于传统肥料而言，是一个相对的概念，其发展是一个持续进化的过程。因此，迫切需要对新形势下我国农业发展的需求和新型肥料产业的发展水平进行深入调研，为新型肥料的研发应用和产业发展提供明确的方向。

四、新型农业机械与设备的研发及应用

新型农业机械与设备的研发及应用在农业现代化进程中占据着至关重要的地位。随着科技的迅猛发展，农业机械正逐步向智能化、精准化方向演进。新型农业机械与设备的研发不仅旨在提升农业生产效率，更着重于实现资源的最优化利用和环境的可持续发展。在新型农业机械与设备的研发领域，深松整地机械的创新通过优化土壤结构，为作物根系提供了更为宽松的生长环境，从而促进了作物的健康生长和高产。微生物土壤改良设备的出现为土壤微生物群落的平衡与多样性保护提供了有力支持，进一步增强了土壤的肥力和作物的抗逆性。在应用方面，土壤改良剂施用设备、卫星平地机等现代化设备的广泛应用，极大地提升了农业生产的精准度和效率。这些设备通过精确控制施肥量、平整土地等操作，有效降低了农业生产成本，同时提高了农产品的品质和产量。未来新型农业机械与设备的研发与应用将继续朝着更加智能化、精准化的方向发展，为农业生产的可持续发展注入新的活力。

1. 深松整地机械研发应用

长期以来，我国主要采用铧式犁耕作为耕地方式，尽管该方式在一定程度上满足了农作物种植的需求，但也引发了一系列问题。铧式犁耕对土壤颗粒结构造成了严重破坏，导致土壤板结现象，影响了土壤的通透性及保水保肥能力，长期持续将对农作物生长和产量产生不利影响。为应对上述问题，土壤疏松机应运而生，其主要功能为松土而非翻土，能有效疏松坚硬的犁底层，同时保持耕作层的肥力和水分，有助于改善土壤板结现象，提升土壤质量。近年

来，随着农业技术的持续进步，农机研发人员已开发出多种效果显著的深松整地机械，如凿式深松机、可调翼铲式深松机、振动式深松机以及深松整地联合作业机等，更好地满足了耕地深松耕作的需求，显著提升耕作效率和质量（沈景新等，2020）。不同类型的深松机械展现出各自独特的构造特征和作业效能，导致其在实际应用中对不同土壤质地的适应性存在显著差异。尽管 Pohlitz 等（2020）的研究表明，土壤对机械荷载的抗压阈值与土壤质地之间关联性不大，但鉴于不同深松机具的结构差异，其作业性能也表现出差异性，影响了其适用的土壤类型和耕地类型。我国花生种植区域广泛，土地类型多样，因此在选择深松机械时，必须充分考虑耕地的土质、土壤的墒情以及深松的深度等因素，以确保选择到最适合的机械，从而达到最佳的耕地效果。

2. 微生物土壤改良设备

微生物土壤改良设备，作为现代农业科技领域的一项创新技术，巧妙地融合了土壤肥力监测与微生物生态监测的双重功能，显著激发了土地的内在生机与活力。通过运用先进的精确监测技术，农业生产者能够更加科学地掌握土壤特性，并据此合理配置肥料，确保植物能够获取必需的营养素。此外，该设备能够依据土壤中有益菌和病原菌的分布状况，智能选择最适宜的菌种，进而进行生物有机肥的发酵与扩繁，显著促进了土壤养分的循环利用，实现了生态与农业的和谐共生。

3. 土壤改良剂施用设备

土壤改良剂施用设备的设计目标在于实现高效与精确的土壤改良剂施用，以达到改良农田土壤的目的。该设备集成了先进的施药技术，确保改良剂在土壤中的均匀分布，进而提升土壤的理化特性和生物活性。通过精确控制施用剂量和深度，农业生产者可以针对不同土壤类型和作物需求，制定出更为科学合理的土壤改良方案。

此外，该设备还具备操作简便、效率高、节省人力物力等优点，为现代农业的可持续发展提供了有力支持。

4. 卫星平地机

土地平整在农业生产中扮演着至关重要的角色。卫星平地机集成了卫星导航、自动控制以及精准作业等先进技术，能够彻底革新传统农田平整作业的方式，不仅极大地提升了作业的效率和精度，还能使农业生产者能够根据每块田地的具体情况，进行高精度的土地平整工作，确保了每块农田都能达到理想的耕作状态，为后续的播种、灌溉、施肥等作业打下坚实的基础。此外，卫星平地机的使用还能够有效节约宝贵的水资源，减少化肥和农药的过量使用，从而降低农业生产对环境的负面影响，有助于推动农业向绿色、可持续的方向发展。

5. 暗管改碱设备

盐碱地土壤中含有过多的盐分和碱性物质，使作物生长受阻，产量大幅下降，严重影响了农业生产的可持续发展。暗管改碱设备运用科学的排水和淋洗技术，能够显著降低土壤中的盐分含量，优化土壤结构，为作物营造理想的生长环境。该设备在改善碱性土壤方面展现出快速且显著的效果，改良成本合理，同时带来显著的经济和生态效益；有效节省土地资源，维护简便，从根本上消除了盐碱的危害；机械化和自动化程度高，适合大规模实施和推广；将土地整治与农田水利建设相结合，节水效果显著。鉴于改良碱性土壤工程必须配备完善的灌溉排水设施，因此改良工程的规划与设计需要综合考虑，同步构建完善的农田水利系统。

6. 土壤修复智能设备

土壤修复智能设备是一种集成了现代信息技术、传感器技术和自动化控制技术等高科技手段的智能设备，能够针对受污染的土壤进行精准识别、高效处理和持续监测。在农业上，土壤修复智能设备的应用能够显著提高土壤修复的效率和质量，缩短修复周期，降低修复成本。此外，该设备还能够根据土壤修复进度和效果，及时调整修复方案，确保修复效果达到最佳。土壤修复智能设备的应用能够推动农业向智能化、精准化方向发展，提高农业生产的可持续性和竞争力，进一步节省劳动力，具有相当大的应用潜力。

在现代农业领域，新型土壤改良设备的研发及应用已成为推动土壤改良工作向前发展的重要动力。这些先进的技术显著提升了土壤改良的效率和效果，对于实现农业生产的精准化、智能化和绿色化起到了至关重要的作用。随着科技的持续进步和创新，未来土壤改良设备将变得更加多样化和高效，这将为农业的可持续发展提供更加有力的支持和保障。

参考文献

白润昊，崔吉晓，范瑞琪，等，2023. 农田土壤地膜源微塑料分离检测方法优化 [J/OL]. 中国环境科学，43（5）：2404-2412. DOI：10.19674/j.cnki.issn1000-6923.20230104.010.

蔡昆争，高阳，田纪辉，2020. 生物炭介导植物病害抗性及作用机理 [J]. 生态学报，40（22）：8364-8375.

陈乐，詹思维，刘梦洁，等，2020. 生物炭对不同酸化水平稻田土壤性质和重金属 Cu、Cd 有效性影响 [J]. 水土保持学报，34（1）：358-364. DOI：10.13870/j.cnki.stbcxb.2020.01.051.

陈悦，陈超美，刘则渊，等，2015. CiteSpace 知识图谱的方法论功能 [J]. 科学学研究，33（2）：242-253.

成艳红，武琳，黄欠如，等，2014. 控释肥配施比例对稻草覆盖红壤旱地花生产量的影响 [J]. 土壤通报，45（5）：1213-1217. DOI：10.19336/j.cnki.trtb.2014.05.031.

高洪军，彭畅，张秀芝，等，2020. 秸秆还田量对黑土区土壤及团聚体有机碳变化特征和固碳效率的影响 [J]. 中国农业科学，53（22）：4613-4622.

高祥照，2013. 水肥一体化是提高水肥利用效率的核心 [J]. 中国农业信息（14）：3-4.

国家统计局，2021. 中国统计年鉴：2021 [M]. 北京：中国统计出版社.

胡佳卉，孟庆刚，2017. 基于 CiteSpace 的中药治疗 2 型糖尿病知识图谱分析 [J]. 中华中医药杂志（9）：4102-4106.

黄亚男，2023. 有机无机肥配施对覆膜花生产量及土壤养分和酶活性的影响［D］. 沈阳：沈阳农业大学.

贾瑞丰，尹光天，杨锦昌，等，2012. 不同氮素水平对红厚壳幼苗生长及光合特性的影响［J］. 林业科学研究，25（1）：23-29. DOI：10.13275/j.cnki.lykxyj.2012.01.013.

姜梓渔，2023. 生物炭对花生生长发育及土壤肥力的影响［J］. 花生学报，52（2）：14-21.

金建猛，李阳，刘向阳，等，2013. 不同土壤质地及种植模式对花生品质的影响［J/OL］. 安徽农业科学，41（12）：5260+5377. DOI：10.13989/j.cnki.0517-6611.2013.12.127.

雷绍海，王成军，2022. 中国农业全要素生产率研究进展与前沿：基于 CiteSpace 的文献计量可视化分析［J］. 云南农业大学学报（社会科学），16（3）：124-133.

李泽琪，贺媛炜，罗倩，等，2022. 基于 VOSviewer 与 CiteSpace 的中医药调节低氧诱导因子表达研究图谱分析［J］. 中国中医药信息杂志，29（7）：33-39.

梁海燕，沈浦，吴琪，等，2024. 干旱瘠薄地研究的热点与可视化分析［J］. 贵州农业科学，52（7）：122-132.

廖伯寿，2020. 我国花生生产发展现状与潜力分析［J］. 中国油料作物学报，42（2）：161-166.

刘婧，2004. 文献作者分布规律研究：对近十五年来国内洛特卡定律，普赖斯定律研究成果综述［J］. 情报科学，2（1）：123-128.

刘路，沈浦，张继光，等，2019. 农田土壤潜在有效磷的转化与利用研究进展［J］. 贵州农业科学，47（4）：51-55.

刘明信，齐凤青，王璞琳，2020. 近10年国内智慧图书馆领域文献研究分析［J］. 情报探索（8）：121-127.

罗盛，2017. 玉米秸秆还田与耕作方式对花生田土壤质量和花生养分吸收的影响［D］. 长沙：湖南农业大学.

罗盛, 杨友才, 沈浦, 等, 2015. 花生氮素吸收、根系形态及叶片生长对叶面喷施尿素的响应特征 [J/OL]. 山东农业科学, 47 (10): 45-48, 59. DOI: 10.14083/j.issn.1001-4942.2015.10.012.

孟翠萍, 张佳蕾, 吴曼, 等, 2023. 花生磷利用效率及土壤盈余磷分布对不同耕作措施的响应特征 [J/OL]. 花生学报, 52 (1): 33-43. DOI: 10.14001/j.issn.1002-4093.2023.01.005.

全林发, 陈炳旭, 姚琼, 等, 2018. 基于文献计量学和Citespace的荔枝蒂蛀虫研究态势分析 [J]. 果树学报, 35 (12): 1516-1529.

饶潇潇, 王建超, 周震峰, 2017. 花生对土壤中邻苯二甲酸酯的吸收累积特征 [J]. 环境科学学报, 37 (4): 1531-1538.

沈景新, 焦伟, 孙永佳, 等, 2020. 1SZL-420型智能深松整地联合作业机的设计与试验 [J/OL]. 农机化研究, 42 (2): 85-90. DOI: 10.13427/j.cnki.njyi.2020.02.015.

沈浦, 冯昊, 罗盛, 等, 2015. 油料作物对土壤紧实胁迫响应研究进 [J]. 山东农业科学, 47 (12): 111-114.

沈浦, 孙秀山, 王才斌, 等, 2015. 花生磷利用特性及磷高效管理措施研究进展与展望 [J]. 核农学报 (11): 2246-2251.

沈浦, 王才斌, 王月福, 等, 2020. 花生抗土壤紧实胁迫理论与实践 [M]. 北京: 中国农业科学技术出版社.

沈浦, 吴正锋, 王才斌, 等, 2017. 花生钙营养效应及其与磷协同吸收特征 [J]. 中国油料作物学报, 39 (1): 85-90.

沈浦, 赵红军, 王才斌, 等, 2020. 花生优质高效生产关键技术 [M]. 北京: 中国农业科学技术出版社.

沈振锋, 张开金, 夏雪, 等, 2021. 基于文献计量法的三峡库区消落带的研究现状及热点 [J]. 水生态学杂志, 42 (1):

26-34.

石航源, 王鹏, 郑家桐, 等, 2023. 中国省域土壤重金属空间分布特征及分区管控对策 [J/OL]. 环境科学, 44 (8): 4706-4716. DOI: 10.13227/j.hjkx.202208160.

司贤宗, 张翔, 毛家伟, 等, 2016. 高产夏花生养分限制因子及养分吸收积累研究 [J/OL]. 河南农业科学, 45 (11): 34-37. DOI: 10.15933/j.cnki.1004-3268.2016.11.007.

孙学武, 柳开楼, 邹晓霞, 等, 2020. 花生栽培措施消减土壤紧实胁迫危害研究现状与展望 [J]. 山东农业科学, 52 (8): 152-159.

孙学武, 沈浦, 刘璇, 等, 2020. 花生锌吸收分配特性及对土壤耕作措施的响应特征 [J/OL]. 花生学报, 49 (2): 36-42. DOI: 10.14001/j.issn.1002-4093.2020.02.006.

万广华, 李涛, 王国华, 2000. 山东省土壤钾素含量及分布研究 [J/OL]. 山东农业科学 (3): 31-33. DOI: 10.14083/j.issn.1001-4942.2000.03.013.

王才斌, 万书波, 2011. 花生生理生态学 [M]. 北京: 中国农业出版社.

王才斌, 郑亚萍, 梁晓艳, 等, 2013. 施肥对旱地花生主要土壤肥力指标及产量的影响 [J]. 生态学报, 33 (4): 1300-1307.

王建超, 饶潇潇, 周震峰, 2016. 施用生物炭对花生产量及吸收累积邻苯二甲酸酯的影响 [J]. 华北农学报, 31 (S1): 323-327.

王凯, 吴正锋, 郑亚萍, 等, 2018. 我国花生优质高效栽培技术研究进展与展望 [J]. 山东农业科学, 50 (12): 138-143.

吴曼, 孟翠萍, 梁海燕, 等, 2022. 国内外根瘤菌研究的文献计量学分析 [J]. 中国农学通报, 38 (1): 155-164.

吴曼, 王香竹, 梁海燕, 等, 2024. 水肥一体研究的热点问题和可视化分析 [J]. 农学学报, 14 (4): 52-57.

吴正锋, 林建材, 冯昊, 等, 2016. 生物降解膜对花生农艺性状和荚果产量的影响 [J]. 花生学报, 45 (3): 57-60.

熊毅, 1986. 中国土壤 [M]. 2版. 北京: 科学出版社

徐晓楠, 陈坤, 冯小杰, 等, 2018. 生物炭提高花生干物质与养分利用的优势研究 [J]. 植物营养与肥料学报, 24 (2): 444-453.

闫林香, 李宝艳, 巩晓丽, 2023. 微生物菌肥对花生产量及品质的影响 [J]. 特种经济动植物, 26 (9): 36-37, 40.

闫志浩, 胡志华, 王士超, 等, 2019. 石灰用量对水稻油菜轮作区土壤酸度、土壤养分及作物生长的影响 [J]. 中国农业科学, 52 (23): 4285-4295.

杨坚群, 甄晓宇, 栗鑫鑫, 等, 2019. 不同耕作方式对花生生理特性、产量及品质的影响 [J/OL]. 花生学报, 48 (1): 9-14. DOI: 10.14001/j.issn.1002-4093.2019.01.002.

杨丽玉, 刘璇, 孟翠萍, 等, 2021. 花生氮磷高效利用特征及生理分子机制研究进展 [J]. 分子植物育种, 21 (22): 7539-7544.

杨丽玉, 吴琪, 梁海燕, 等, 2023. 花生 AhCLE 基因家族鉴定及对土壤紧实和氮素复合胁迫响应分析 [J]. 花生学报, 52 (2): 1-13.

杨丽玉, 吴琪, 梁海燕, 等, 2023. 花生氮磷高效利用生理机制 [M]. 北京: 中国农业科学技术出版社.

杨晓娟, 李春俭, 2008. 机械压实对土壤质量、作物生长、土壤生物及环境的影响 [J]. 中国农业科学, 41 (7): 2008-2015.

张鹤, 蒋春姬, 董佳乐, 等, 2020. 寒地秸秆还田配套深松对土壤肥力及花生生长和产量的影响 [J]. 花生学报, 49

(3):14-21.

张玲玉,赵学强,沈仁芳,2019. 土壤酸化及其生态效应 [J/OL]. 生态学杂志, 38 (6):1900-1908. DOI:10. 13292/j. 1000-4890. 201906. 002.

张雅楠,汤婧,燕香梅,等,2019. 氮肥减量配施菌剂对水稻土养分及水稻产量的影响 [J]. 辽宁农业科学 (3):1-6.

张杨,宋修超,魏天宇,等,2021. 海藻肥对花生生长发育及土壤理化性状的影响 [J/OL]. 南方农业, 15 (20):4-6. DOI:10. 19415/j. cnki. 1673-890x. 2021. 20. 002.

赵秉强,2012. 新型肥料是肥料质量替代数量发展的战略选择 [J]. 中国农资 (28):24.

郑亚萍,吴正锋,王春晓,等,2018. 棕壤花生镁营养特性对不同耕作措施的响应 [J]. 核农学报, 32 (12):2406-2413.

郑泽宇,陈德敏,2020. CSSCI(2009-2019)环境法学研究的知识图谱:基于Citespace的文献计量分析 [J]. 干旱区资源与环境, 34 (6):62-72.

朱亚,赵永平,2020. 氮肥与缓释肥配施对丹参幼苗叶绿素含量和光合特性的影响 [J]. 陕西农业科学, 66 (7):14-17.

BERTIOLI D J, CANNON S B, FROENICKE L, et al., 2016. The genome sequences of *Arachis duranensis* and *Arachis ipaensis*, the diploid ancestors of cultivated peanut [J/OL]. Nature Genetics, 48:438-446. doi:10. 1038/ng. 3517.

CARANTO J D, LANCASTER K M, 2017. Nitric oxide is an obligate bacterial nitrification intermediate produced by hydroxylamine oxidoreductase [J]. Proceedings of the National Academy of Sciences of the United States of America, 114:8217-8222. doi:10. 1073/pnas. 1704504114.

CARRIÈRE Y, BROWN Z S, AGLASAN S, et al., 2020. Crop

rotation mitigates impacts of corn rootworm resistance to transgenic Bt corn [J]. Proceedings of the National Academy of Sciences of the United States of America, 117: 18385-18392.

FUKAMI J, CEREZINI P, HUNGRIA M, 2018. Azospirillum: benefits that go far beyond biological nitrogen fixation [J]. AMB Express, 8: 73.

HOU L, LIN R X, WANG X J, et al., 2022. The mechanisms of pod zone nitrogen application on peanut pod yield [J]. Russian Journal of Plant Physiology, 69: 51.

HTWE A Z, MOH S M, SOE K M, et al., 2019. Effects of biofertilizer produced from bradyrhizobium and streptomyces griseoflavus on plant growth, nodulation, nitrogen fixation, nutrient uptake, and seed yield of mung bean, cowpea, and soybean [J/OL]. Agronomy, 9: 77. https://doi.org/10.3390/agronomy9020077.

HUANG Y, LIU Q, JIA W, et al., 2020. Agricultural plastic mulching as a source of microplastics in the terrestrial environment [J]. Environmental Pollution, 260: 114096.

HUSSAIN A, ADNAN M, IQBAL S, et al., 2019. Combining phosphorus (P) with phosphate solubilizing bacteria (PSB) improved wheat yield and P uptake inalkaline soil [J/OL]. Pure and Applied Biology, 8: 1809-1817. https://doi.org/10.19045/bspab.2019.80124.

JEMAI I, AISSA N B, GUIRAT S B, et al., 2012. On-farm assessment of tillage impact on the vertical distribution of soil organic carbon and structural soil properties in a semiarid region in Tunisia [J]. Journal of Environmental Management, 113: 488-494.

JOSEPH J L, KRISTIAN J S, 2003. Water infiltration and storage affected bysubsoiling and subsequent tillage [J]. Soil Science Society of America Journal, 67 (3): 859-866.

KADER M A, SENGE M, MOJID M A, et al., 2017. Effects of plastic-hole mulching on effective rainfall and readily available soil moisture under soybean (*Glycine max*) cultivation [J]. Paddy and Water Environment, 15: 659-668.

KLOEPPER J W, BOWEN K L, 1991. Quantification of the geocarposphere and rhizosphere effect of peanut (*Arachis hypogaea* L.) [J]. Plant and Soil, 136: 103-109.

LI F, HAO Z, CHEN B, 2019. Molecular mechanism for the adaption of arbuscular mycorrhizal symbiosis to phosphorus deficiency [J]. Journal of Plant Nutrition and Fertilizers, 25: 1989-1997.

LI Y, NIU W Q, DYCK M, et al., 2016. Yields and nutritional of greenhouse tomato in response to different soil aeration volume at two depths of subsurface drip irrigation [J]. Scientific Reports, 6: 39307.

LIANG H Y, WU Q, YANG L Y, et al., 2024. Partitioned nitrogen fertilisation in peanut rhizosphere and geocarposphere drives specific variation soil microbiomes [J/OL]. Plant, Soil and Environment, 70 (6): 342-355. https://doi.org/10.17221/498/2023-PSE.

LIANG H, YANG L, HE X, et al., 2024. Rhizosphere ventilation effects on root development and bacterial diversity of peanut in compacted soil [J/OL]. Plants, 13: 790. https://doi.org/10.3390/plants13060790.

LIANG H, YANG L, WU Q, et al., 2022. Exogenous glucose modulated the diversity of soil nitrogen-related bacteria and promoted the nitrogen absorption and utilisation of peanut [J/OL].

Plant, Soil and Environment, 68 (12): 560-571. doi: 10. 17221/275/2022-PSE.

LIANG H, YANG L, WU Q, et al., 2023. Regulation of the C : N ratio improves the n-fixing bacteria activity, root growth, and nodule formation of peanut [J]. Journal of Plant Nutrition and Soil Science, 23: 4596-4608.

LU Y, GAO P, WANG Y, et al., 2021. Earthworm activityoptimized the rhizosphere bacterial community structure and further alleviated the yield loss in continuous cropping lily (*Lilium lancifolium* Thunb.) [J]. Scientific Reports, 11: 20840.

MENG C, GU X, LIANG H, et al., 2022. Optimized preparation and high-efficient application of seaweed fertilizer on peanut [J/OL]. Journal of Agriculture and Food Research, 7: 100275. DOI: 10. 1016/j. jafr. 2022. 100275.

MENG C, WU M, WANG X, et al., 2024. Slow - release fertilisers increased microflora and nitrogen use efficiency and thus promoted peanut growth and yield [J/OL]. Plant Soil Environ, 70 (2): 61-71. DOI: 10. 17221/266/2023-PSE.

MENG C, WU M, YANG L, et al., 2023. Rational utilization of urease and nitrification inhibitors improve the ammonia-oxidizing bacteria community, nitrogen use efficiency and peanut growth [J/OL]. Archives of Agronomy and Soil Science, 69 (14): 2938-2955. DOI: 10. 1080/03650340. 2023. 2186404.

MENG L, SUN T, LI M, et al., 2019. Soil-applied biochar increases microbial diversity and wheat plant performance under herbicide fomesafen stress [J]. Ecotoxicology and Environmental Safety, 171: 75-83.

NAKANO Y, 2007. Response of tomato root systems to environmental stress under soilless culture [J]. Japan Agricultural Research Quarterly, 41: 7-15.

NIU W Q, GUO C, SHAO H B, et al., 2011. Effects of different rhizosphere ventilation treatment on water and nutrients absorption of maize [J]. African Journal of Biotechnology, 10: 949-958.

OLDROYD G, LEYSER O, 2020. A plant's diet, surviving in a variable nutrient environment [J/OL]. Science, 368: aba0196. https://doi.org/10.1126/science.aba0196.

PANG Z, HUANG J, FALLAH N, et al., 2022. Combining N fertilization with biochar affects root-shoot growth, rhizosphere soil properties and bacterial communities under sugarcane monocropping [J]. Industrial Crops and Products, 182: 114899.

PASSARIS N, FLOWER K C, WARD P R, et al., 2021. Effect of crop rotation diversity and windrow burning of residue on soil chemical composition under long-term no-tillage [J]. Soil and Tillage Research, 213: 105153.

PEREG L, LUZ E, BASHAN Y, 2016. Assessment of affinity and specificity of Azospirillum for plants [J/OL]. Plant Soil, 399: 389-414. https://doi.org/10.1007/s11104-015-2778-9.

POURRANJBARI S S, SOURI M K, MOGHADDAM M, 2019. Characterization of nutrients uptake and enzymes activity in Khatouni melon (*Cucumis melo* var. *inodorus*) seedlings under different concentrations of nitrogen, potassium and phosphorus of nutrient solution [J/OL].Journal of Plant Nutrition, 42: 178-185. https://doi.org/10.1080/01904167.2018.1551491.

PRENDERGAST-MILLER M T, DUVALL M, SOHI S P, 2013. Biochar-root interactions are mediated by biochar nutrient content and impacts on soil nutrient availability [J]. European

Journal of Soil Science, 65 (1): 173-185.

PÖHLITZ J, RÜCKNAGEL J, SCHLÜTER S, et al., 2020. Estimation of critical stress ranges to preserve soil functions for differently textured soils [J/OL]. Soil and Tillage Research, 200: 104637. DOI: 10. 1016/j. still. 2020. 104637.

REN T, FENG H, XU C, et al., 2022. Exogenous application and interaction of biochar with environmental factors for improving functional diversity of rhizosphere's microbial community and health [J]. Chemosphere, 294: 133710.

SEMIDA W M, BEHEIRY H R, SÉTAMOU M, et al., 2019. Biochar implications for sustainable agriculture and environment: a review [J]. South African Journal of Botany, 127: 333-347.

SHEN P, WANG C X, WU Z F, et al., 2019. Peanut macronutrient absorptions characteristics in response to soil compaction stress in typical brown soils under various tillage systems [J]. Soil Science and Plant Nutrition, 65 (2): 148-158.

SHEN P, WU Z, WANG C, et al., 2016. Contributions of rational soil tillage to compaction stress in main peanut producing areas of China [J/OL]. Scientific Reports, 6: 38629. DOI: 10. 1038/srep38629.

SHEN P, XU M G, ZHANG H M, et al., 2014. Long-term response of soil Olsen P and organic C to the depletion or addition of chemical and organic fertilizers [J]. Catena, 118: 20-27.

SHI J, WANG Z, PENG Y, et al., 2023. Microbes drive metabolism, community diversity, and interactions in response to microplastic-induced nutrient imbalance [J]. Science of The Total Environment, 877: 162885.

SICZEK A, LIPIEC J, 2016. Impact of faba bean-seed rhizobial inoculation on microbial activity in the rhizosphere soil during growing season [J/OL]. International Journal of Molecular Sciences, 17: 784. https://doi.org/10.3390/ijms17050784.

SUMNER D R, 2018. Crop rotation and plant productivity [M]//CRC Handbook of Agricultural Productivity. London: CRC Press: 273-314.

SUN B, ZHAO H, Y L, et al., 2016. The effects of nitrogen fertilizer application on methane and nitrous oxide emission/uptake in Chinese croplands [J]. Journal of Integrative Agriculture, 15: 440-445.

TANG C, HISINGER P, DREWN J, et al., 2001. Phosphorus deficiency impairs early nodule functioning and enhances proton release in roots of *Medicago truncatuta* L [J/OL]. Annals of Botany, 88: 131-138. DOI: 10.1006/anbo.2001.1440.

VENTER Z S, JACOBS K, HAWKINS H J, 2016. The impact of crop rotation on soil microbial diversity: a meta-analysis [J]. Pedobiologia, 59: 215-223.

WANG Y F, XU L, ZHAO C X, et al., 2012. Effects of phosphorus application on nitrogen accumulation sources and yield of peanut [J]. Chinese Journal of Soil Science, 43: 444-450.

WU Q, YANG L, LIANG H, et al., 2022. Integrated analyses reveal the response of peanut to phosphorus deficiency on phenotype, transcriptome and metabolome [J]. BMC Plant Biology, 22: 524.

XIAO W, YAN P S, WU H Q, et al., 2014. Antagonizing *Aspergillus parasiticus* and promoting peanut growth of Bacillus isolated from peanut geocarposphere soil [J]. Journal of Integrative Agriculture, 13: 2445-2451.

XIAO Y S, PENG F T, DANG Z Q, et al., 2015. Influence of

rhizosphere ventilation on soil nutrient status, root architecture and the growth of young peach trees [J]. Soil Science and Plant Nutrition, 61: 775-787.

XU W Y, WANG M L, SUN X X, et al., 2021. Peanut (*Arachis hypogaea* L.) pod and rhizosphere harbored different bacterial communities [J]. Rhizosphere, 19: 100373.

YANG L, SHEN P, LIANG H, et al., 2024a. Biochar relieves the toxic effects of microplastics on the root-rhizosphere soil system by altering root expression profiles and microbial diversity and functions [J]. Ecotoxicology and Environmental Safety, 271: 115935.

YANG L, LIANG H, WU Q, et al., 2024b. Biochar alleviated the toxic effects of microplastics-contaminated geocarposphere soil on peanut (*Arachis hypogaea* L.) pod development: roles of pod nutrient metabolism and geocarposphere microbial modulation [J]. Journal of the science of food and agriculture, 104: 2990-3001.

YANG L, WANG C, HE X, et al., 2024c. Multi-year crop rotation and quicklime application promote stable peanut yield and high nutrient-use efficiency by regulating soil nutrient availability and bacterial/fungal community [J/OL]. Frontiers in Microbiology, 15: 1367184. DOI: 10. 3389/fmicb. 2024. 1367184.

YANG L, WU Q, LIANG H, et al., 2022. Integrated analyses of transcriptome and metabolome provides new insights into the primary and secondary metabolism in response to nitrogen deficiency and soil compaction stress in peanut roots [J/OL]. Frontiers in Plant Science, 13: 948742. DOI: 10. 3389/fpls. 2022. 948742.

YOU C H, JIA L F, XI F H, et al., 2015. Comparative evaluation of different types of soil conditioners with respect to their ability to remediate consecutive tobacco monoculture soil [J]. International Journal of Agriculture and Biology, 17: 969-975.

YU T Y, WANG C X, SUN X W, et al., 2016. Characteristics of phosphorus and dry matter accumulation and distribution in peanut cultivars with different yield and phosphorus use efficiency [J]. Chinese Journal of Oil Crop Sciences, 38: 788-794.

ZENG J, LIU X J, SONG L, et al., 2016. Nitrogen fertilization directly affects soil bacterial diversity and indirectly affects bacterial community composition [J]. Soil Biology and Biochemistry, 92: 41-49.

ZHANG Y, CAI C, GU Y, et al., 2022. Microplastics in plant-soil ecosystems: a metaanalysis [J]. Environmental Pollution, 308: 119718.

ZHARARE G E, ASHER C J, BLAMEY F P C, 2010. Magnesium antagonizes pod-zone calcium and zinc uptake by developing peanut pods [J]. Journal of Plant Nutrition, 34: 1-11.